普通高等教育艺术设计类专业“十二五”规划教材

现代设计概论

钟　周　彭小鹏／主编

中国水利水电出版社
www.waterpub.com.cn

内容提要

本书的编写建立在广泛收集、多方借鉴、力主创新的基础上，内容集古今中外设计文化之大全，具有较好的全面性与代表性。全书围绕中外设计史、现代设计理论、设计批评鉴赏三大结构，以视觉传达设计、产品设计、环境设计三大领域为依托，全面介绍设计学的历史文化、规律程序、思维法则、发展方向等学科精粹，同时包含与设计相关的思维学、心理学、营销学等方面的辅助知识，从理论与实践两方面对学生进行全面的熏陶与训练，具有实质性、新颖性与趣味性，能为学生搭起较大的知识架构，促成对设计学全面的认识。

本书主要面对艺术或设计类的本科、专科学生及部分研究生，同时对广大设计爱好者普及设计知识也具有指导意义。

图书在版编目（CIP）数据

现代设计概论 / 钟周，彭小鹏主编. -- 北京 : 中国水利水电出版社，2013.6
普通高等教育艺术设计类专业"十二五"规划教材
ISBN 978-7-5170-0987-0

Ⅰ. ①现… Ⅱ. ①钟… ②彭… Ⅲ. ①设计学—高等学校—教材 Ⅳ. ①TB21

中国版本图书馆CIP数据核字(2013)第142441号

书　　名	普通高等教育艺术设计类专业"十二五"规划教材 **现代设计概论**
作　　者	钟周　彭小鹏　主编
出版发行	中国水利水电出版社 （北京市海淀区玉渊潭南路 1 号 D 座　100038） 网址：www.waterpub.com.cn E-mail：sales@waterpub.com.cn 电话：（010）68367658（发行部）
经　　售	北京科水图书销售中心（零售） 电话：（010）88383994、63202643、68545874 全国各地新华书店和相关出版物销售网点
排　　版	北京时代澄宇科技有限公司
印　　刷	北京嘉恒彩色印刷有限责任公司
规　　格	210mm×285mm　16 开本　13 印张　308 千字
版　　次	2013 年 6 月第 1 版　2013 年 6 月第 1 次印刷
印　　数	0001—3000 册
定　　价	48.00 元

编　委　会

主　　编　钟　周（广东工业大学）

彭小鹏（仲恺农业工程学院）

参编人员（以姓氏笔画为序）

王　萍（广东工业大学）

邹继科（广东工业大学）

陈奕冰（广东工业大学）

林碧娟（广东工业大学）

黄芳芳（广东工业大学）

彭文芳（广东工业大学）

前　　言

本教材编者是从事设计概论课程教学的一线教师和资深设计师。在多年的教学实践中，我们有一个共同的感受，就是设计学理论知识的重要性日渐提高，而目前国内各高校对设计概论这门课程的重视与投入远远不够，无论是在课时的安排上，还是在教材或参考书的准备上，都不能满足现实教学的需要。在追求经济利益与时间效益的目标中，很多教材的内容过于精简，变成了蜻蜓点水式的匆匆过场，甚至连基本的知识面都不具备，无法有质量地完成教学任务。

从近几年来看，我国设计学科快速发展，各高校大量扩招设计专业的学生，刚建立起 30 多年的设计教育体系将面临变化，今后设计业的竞争也将空前激烈。在设计技法得到普及后，设计的竞争更多地表现在设计文化、思想与理念的竞争。为了适应这种即将到来的竞争，我们的设计教育要更多地在设计思想与文化方面打基础，提高设计类专业学生的文化底蕴与思想素养。只有具备先进的文化理念与创新思维，学生才能适应今后设计业的发展，在广阔的设计领域尽舒拳脚。

基于以上的背景和理念，我们编写了这部教材。它有以下几个特点：

（1）知识面较广。它涵盖了设计的特征、设计的价值、中西方设计文化史、设计的程序与方法、设计的语言美学、设计的材料美学和工艺美学、设计心理学、创造性思维、视觉传达设计概论、环境设计概论、工业设计概论、数字新媒体设计、设计师的素质责任、设计的批评艺术、现代设计的全球化特征、现代设计的多元理论与发展趋势等方方面面的知识，内容较为全面。同时也有一定专业深度的知识扩展，对部分重点内容进行了较深刻的探索，经得起读者的细致理解，耐心品读。

（2）易读性强。非设计专业的学生和普通读者在使用本书时也不会有阅读障碍。书中有大量的具体实例对理论知识进行导读，通过经典和优秀的设计案例展示设计的魅力，并进行详细的分析和讲解，能帮助学生掌握设计学的基础知识，锻炼学生对设计的感受能力、分析能力和审美能力，激发学生的灵感与创意，在和风细雨、潜移默化中实现对设计的感知与理解，提高创作能力。

（3）兼容性强。它是一部集视觉传达设计、环境设计、工业设计等三大学科门类的知识概论。在感知设计美学的基础上，本书对不同专业领域的知识也作了详细的讲述，较深入地对相关专业知识进行了探讨，可以满足任一设计专业的使用需求，并便于某一专业学生接触其他专业的内容。在当前学科大交融的背景下，基础课程教学应该让不同专业的学生和不同领域的工作人员了解相关学科的知识，并综合应用关联学科的知识来解决生活和生产中的问题，这对我们的发展会有很大的帮助。

本书的图片来源于教学搜集的资料，部分图片引用自参考文献，在此对其作者深表感谢！但因种种原因，无法一一查证和联系作者，请相关作者见书后与编者联系。

由于编者知识、能力、时间的限制，本教材还有很多尚待完善与修正的地方，欢迎广大专家和读者不吝赐教，提出宝贵修改意见。

编者

2013 年夏于广州

目录

第6章 产品设计/127

第7章 环境设计/137

第8章 设计思维与心理/151

第9章 设计程序与方法/161

第1章 初识设计

在漫长的历史中，人类凭借勤劳和智慧设计了无数产品，提高了生活质量，创造了新的生活方式，也推动了社会进步。在我们的日常生活中，从城市规划到建筑设计，从潮流服饰到家用电器，从地铁广告到菜单餐牌，无不充满了设计的影子（图 1-0-1~图 1-0-3）。设计成为生活中不可缺少的部分，越来越重要。经历了大工业文明之后，人类进入了一个崭新的设计时代。设计不仅成为人们生活的必需内容，更已成为世界各国振兴经济的战略武器。

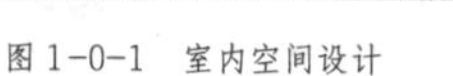

图 1-0-1 室内空间设计

图 1-0-2 公益广告设计

图 1-0-3 产品设计

在数千年的时光中，人类创造了辉煌灿烂的设计文化。无论是上古时代的原始工具，还是当今遨游太空的宇宙飞船，都是这种文化的存在方式。人类从追求基本温饱到有计划地探索宇宙奥秘，都是这种文化在发挥作用。在人类有意识的活动中，从古代到现代，从低级到高级，从狭窄到宽阔，设计始终贯穿其中。这就是说人类在认识世界并改造世界的过程中，无论是物质财富的创造，还是精神财富的诞生，都离不开设计。可以说，人自生存以来，就生活在一个设计的世界里。这个设计的世界就是我们的人造世界。

1.1 设计的诞生发展

图 1-1-1 山顶洞人的石器

在人类生产活动的不断变化和工具加工制作中，美感开始萌芽。后来人类逐步掌握了制作不同工具的规律，并自觉地用来服务于生活目的，实现着合目的性和合规律性的协调统一，设计美感逐步朝更高的层次发展。

北京人遗址中的石器没有固定的形态，丁村人的石器则略有规范，而山顶洞人的石器则均匀、规整，而且还有光滑、饰纹的骨器等装饰品（图 1-1-1）。由此可知，人类的设计美最初就是由工具制造带来。在工具制作过程中，人类逐步掌握了造型的规律并产生了审美意识。总的来说，设计的出现经历了 4 个阶段。

一是粗糙的人工制品产生阶段，从有意识地制造第一件石器工具开始，人类设计便具有非自然性和人为性。这个阶段只是设计的逻辑起点，它的意义仅在于把人工制品与天然物品区别开来。

二是原始技术的手工设计阶段。在这个阶段，人类懂得用原始的技术进行手工设计。火不仅使人类摆脱了茹毛饮血的生活，也改变了泥土的化学性质，原始陶器开始出现，同时也开始了粗铜矿的使用。

三是设计形态的丰富化阶段。这是设计发展过程中的一个重要阶段。人们制造的石器、陶器、铜器都有了一定的形状，并且与使用功能密切结合。这使得手工制品的设计形态变得丰富。

四是设计审美的发生阶段。人类进入阶级社会后，统治阶层的审美意识和思想观念直接影响着设计审美的形成。在我国，无论是彩陶文化、青铜文化，还是建筑文化，都被赋予了一种天地、社稷、君权的意义（图 1-1-2~ 图 1-1-4），有着“明尊卑，别上下”的意味，数千年来被看成是我国人文秩序、等级制度的象征。

图 1-1-2 马家窑彩陶

图 1-1-3 青铜文化

图 1-1-4 故宫博物院

1.2 设计的深层含义

什么是“设计”？从最为广泛的意义上说，人类所有生物性和社会性的原创活动都可以被称为设计。“设计”在不同的领域有着不同的解释。在我国古代汉语中有“设”和“计”，但没有将这两个字连用。我国《高级汉语大辞典》中解释设计是：“按照任务的目的和要求，预先定出工作方案和计划，绘出图样；为解决问题而专门设计的图案。”1986 年版的《大不列颠百科词典》这样解释设计：“所谓 Design，是指立体、色彩、结构、轮廓等诸艺术作品中的线条、形状，在比例、动态和审美等方面的协调。”

设计是一门独立的艺术学科，当代学者对设计所作的定义众多。柳冠中教授认为：“设计是以系统的方法、以合理的使用需求与健康的消费、以启发人人参与的主动行为来创造新的生存方式。”李砚祖教授认为：“设计是人类改变原有事物，使其变化、增益、更新、发展的创造性活动，设计是构想和解决问题过程，它涉及人类一切有目的的价值创造活动。”而我国在 1999 年出版的《授予博士硕士学位和培养研究生的学科专业简介》一书中，对“设计艺术”的定义是：“设计艺术是一门多学科交叉的、实用性的艺术学科，其内涵是按照文化艺术与科学技术相结合的规律，创造人类生活的物质产品和精神产品的一门科学。”

设计体现了人与物、物与环境的关系。它为人类环境的合理、舒适、环保等更高需求而设计，为人类全新的生活方式而设计。设计是人类审美意识驱动下的本能体现，也是人类进步与科技发展的产物，是人类文明进步的标志。

1.2.1 广义的设计

广义设计观认为，设计是伴随着人类的产生、劳动的出现而开始的。当古人用一块石头砸向另一块石头以便打造出有某种功能的工具时，设计就产生了。今天，我们可以称为设计的东西几乎无所不包。大到社会规划、探索宇宙，小到一根针或一个小面包，人类的任何生活和生产对象都是设计的产物。人们根据生活需要，从生理、心理特征出发，通过材料、技术、艺术等方法，依照一定的预想目的、社会结构、机制和发展趋势，作出相关的设想、规划，并付诸实施的创造性、综合性的实践活动，就是广义的设计。

广义的设计已突破了物质生产范畴而成为社会文化的一个部分。它不仅是一般工程与产品的开发设计，也包括任何社会硬件与软件的设计，是创制任何事物，达到满足某种特定功能的活动过程。如设计一项工作制度、一个组织机构或一个生态平衡模式，都必然涉及自然科学和社会科学等广泛的文化领域。

1.2.2 狭义的设计

狭义的设计主要是包括产品设计、包装设计、环境设计、企业形象设计、影视设计等作为实用美的造型设计。例如，结合现代自动化、工厂化生产方式的工业设计和手工艺品设计、服饰设计等。狭义的设计是我们设计专业学生的主要学习对象和今后从事的职业内容。

总的来说，设计是一种创造性活动——创造前所未有的、新颖而有益的东西，是人类改变原有事物、构想和解决问题的过程。它是人类一切有目的、有创造性的活动。

1.3 设计的研究对象

每一个行业都有自己的研究对象，作家用的是文字，歌唱家用的是声音，而设计师在工作时所用的则是形态、色调与材质。

形态一般是指事物在一定条件下的表现形式，是传递产品信息的第一要素，是产品的材质、体态、内涵等内在因素的外在表现，也是使用者判断产品功能和使用方式的主要特征。“形”是产品的物质形体，是与结构、材质、色彩、空间、功能等密切联系的理性信息；“态”则是指产品可感觉的外观神态，是产品外观的表情因素与感性信息。任何一个物品都必须依附一定形状，通过尺寸、形状、比例以及层次关系对使用者产生心理影响，营造一定的环境氛围（图 1-3-1、图 1-3-2）。

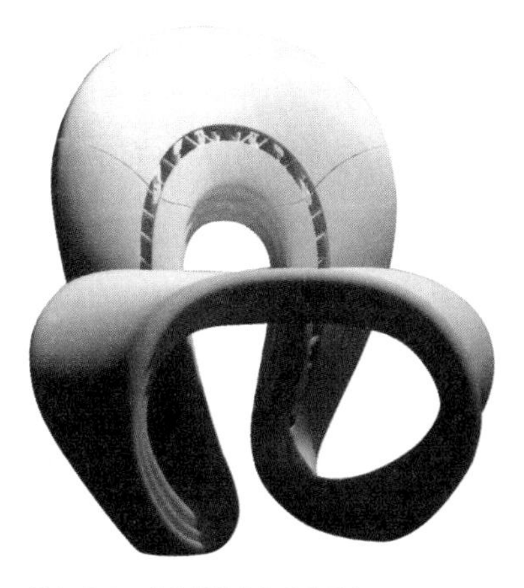

图 1-3-1　产品设计中的形态语言

图 1-3-2　广告设计中的形态语言

色调是指直观作用于人的视觉的产品色彩外观。它能够强烈地影响人的视觉感受和心理情绪。人对色彩的感觉最直观、最强烈、印象也最深刻，不同的色彩组合会带给人们不同的感受（图 1-3-3），如红色热烈、蓝色宁静、紫色神秘、绿色活力、白色纯洁等，使作品具有不同的视觉特征，引起使用者的注意，而且对不同的功能进行区分。色彩会受到潮流、社会、文化、地域等方面的影响，如中世纪的欧洲皇室用紫色，而中国古代皇室则用黄色与红色，黄色在西方却是代表低俗的色彩。因而在应用色彩时，应加以综合考虑。

图 1-3-3　不同色彩图片给人不同的心理感觉

材质是指材料表面的质感和肌理，材料通过其表面特征带给使用者以视觉、触觉的感受以及心理联想和象征意义。不同的材质给使用者带来的质感不同（图 1-3-4）。例如，明亮的不锈钢可以给人以产品的科技感，木材的自然纹理可以给人以产品古朴与自然的感觉。材质在工业设计中还与使用者之前的经历或使用经验相关。例如，在工具把手部分增加细密的纹理会增大摩擦力，使操作更省力。当人们面对一件新式的工具时，当他看到有细密纹理的部分，就知道这里是用来抓或者握的。

石纹

皮革纹

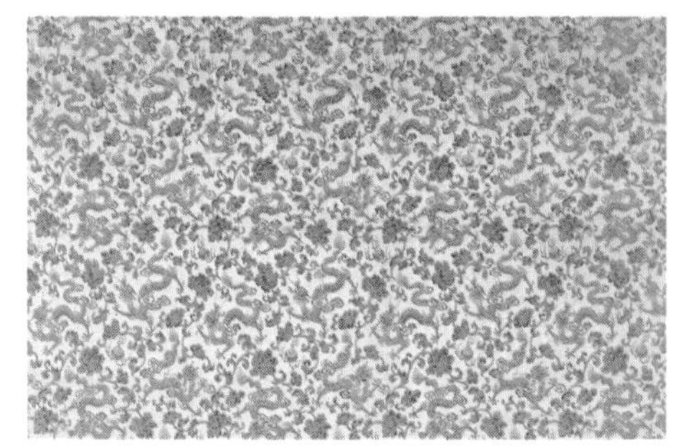

龙花纹

图 1-3-4　不同材质的特点

1.4 设计的服务对象

千百年来，人类不间断地从事着设计工作，实现着社会与自然的物质、能量和信息交换，促进了人类社会与生活的发展。

首先，设计的主体是人，设计学的首要研究对象是人及其思维活动。设计的目的也是“人”，既是生物的人，也是社会的人。设计的目的首先在于满足人的衣、食、住、行等生存需求（图 1-4-1），接着是满足人的精神生活需求。人类的各种活动都是由需求产生和推动的，需求会不断更新变化，当一种需求得到满足之后又会引发新的需求。我们同时也用创造物来引导需求。认识一种新的需求，本身就是一种创造。

图 1-4-1 衣、食、住、行中的设计

其次，设计目的除了创造独立的个体物外，还要处理这个个体物与其他物的协调关系及对环境产生的影响作用，使物与所处的环境形成和谐的整体。设计的过程是人类按自己的目标改造世界，体现在人对客观世界的把握和对客观因素的审美和选择中。

总之，设计的目的是人而不是物，设计是为人服务的，目的是改善人的环境、工具及自身。设计的最终目标是创造舒适合理的生活方式。这个目标体现了设计对生物人和社会人的综合分析，达成了合目的性创造活动的全过程。

1.5 设计的学科体系

设计学是研究人类创造性行为的科学。它是一门综合性极强的学科，与社会、文化、经济、市场、科技、伦理等多方面都有密切的联系，其审美标准也会随着这些因素的变化而变化。对于艺术设计的理解，我们可以称为“设计科学”。它是以人类设计行为的全过程和它所涉及的主客观因素为对象的，是美学、哲学、艺术学、心理学、经济学、工程学、管理学、方法学等诸多学科共同作用下的边缘学科（图 1-5-1）。该学科以设计艺术的纵向（历史发展）和横向（理论广度）研究为重点，针对设计发展和实践过程中产生的经验，以及经过不断验证提炼的一些基本规律和认识，进行总结和凝练，形成具有前瞻性和规律性的理论指导。它是对设计艺术活动的理性思考。

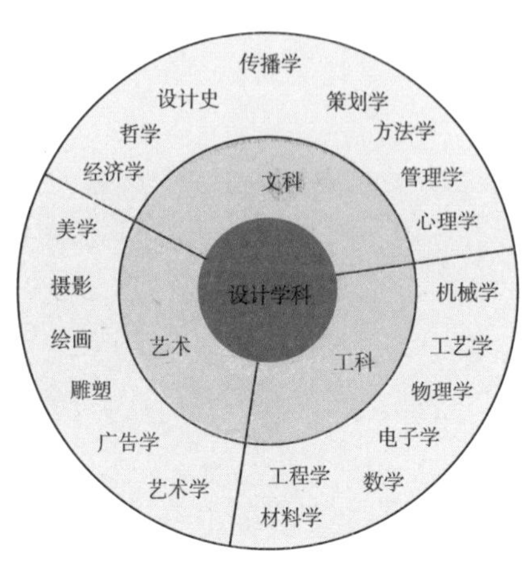

图 1-5-1 设计学的学科内涵

设计艺术学重在设计艺术历史、理论及设计艺术实践的研究，是一门应用性很强的艺术学科，在现代社会人们的物质生活与精神生活中发挥着重要作用。设计艺术学又是一门开放性的学科，其目标是在创造活动中实现实用功能与审美理想的统一，其按照科学与艺术相互促进的发展规律，创造生活、丰富生活、美化生活。

1.5.1 设计学科的建立来由

从美学范畴研究设计理论的技术美学是美学的分支学科之一，其最早可以追溯到19世纪50年代英国的工艺美术运动。20世纪初期法国的新艺术运动和1919年德国的包豪斯学派给技术美学带来重大影响。1953年，捷克斯洛伐克设计师佩特尔·图奇内提出“技术美学”这一名称，并逐渐得到承认。已故著名美学家宗白华先生（1897—1987）指出，技术美学是“一门很有前途、大有可为的实用美学”。这里所说的技术美学也就是我们今天说的设计艺术学。

在我国，艺术设计作为一门专业学科，是20世纪90年代以后的事情。1998年教育部颁布的普通高校专业目录里把其定名为“艺术设计学”。同年，国务院学位委员会颁布的研究生专业目录里把其定名为“设计艺术学”。考虑到学科名称的统一性，我们习惯上以“设计学”为统一命题，实际上它仍然是“艺术设计学”的性质。

1.5.2 设计学科的研究范围

设计艺术学作为一门新兴学科，以设计哲学、设计原理、设计方法、设计程序、设计管理、设计批评、设计营销、设计史论为主体内容建立起了独立而庞大的理论体系。设计学既是自然科学又是社会科学，其研究对象与功能性、审美性有密切的关系。在功能性方面与自然科学密切相关，设计学要对数学、物理学、材料学、机械学、工程学、电子学、管理学、策划学和经济学等进行理解，在审美性方面与社会科学密切相关，要对色彩学、构成学、心理学、美学、民俗学、传播学的成果进行运用。设计除了对工具、技术、材料等科学成果的具体应用外，在方法论的研究上也有发展，引起设计思维的变革，从而引发了新的设计观念与设计方法学的产生。

从学科规范的角度，我们一般将设计艺术学划分为设计艺术史、设计理论与设计批评三个分支。这三者既有联系又有区别，构成了设计艺术学的基本内容，建立起了相对完整的学科体系（图1-5-2）。设计艺术史的研究需要把握设计艺术的过去、现在和未来的纵向发展脉络，要研究相关的学科特征。设计艺术理论的研究要理解其来自实践、服务实践的学科特征，从横向的基本原理和应用规则研究相关的工程学、材料学和心理学。设计艺术批评的研究要结合美学、伦理学、民俗学的理论要求，确定其基本的研究范围。

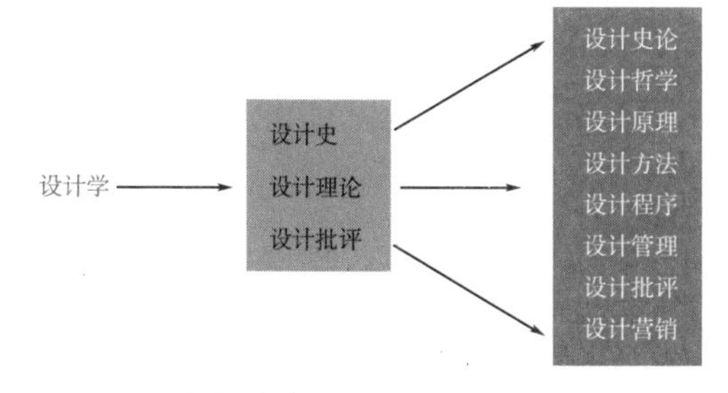

图1-5-2 设计学的学科体系

1.5.3 设计价值的实现流程

设计价值的实现流程大致可分为3个阶段：制造、流通、消费。制造阶段属于自然科学，包含材料、工艺、结构等知识，是让设计得以存在的物质基础。设计实现之后，经过流通阶段到达消费者手中。流通需要依附现代社会结构，需要综合市场学、经济学、民

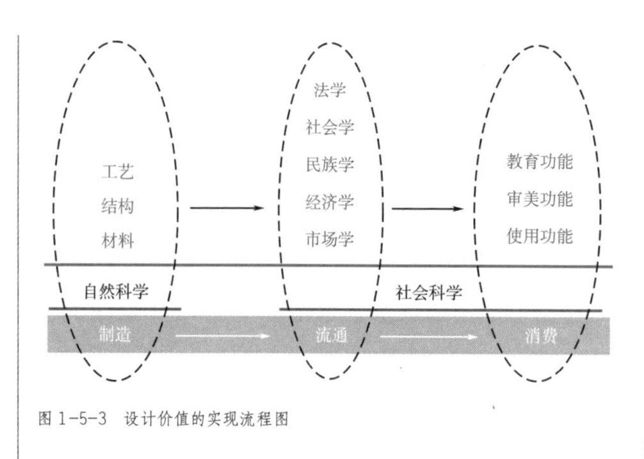

图 1-5-3 设计价值的实现流程图

族学、法学、社会学等多方面的因素，这一部分主要属于社会科学。设计到达预定服务对象后就进入了消费阶段。消费与产品功能有关，包括使用功能、审美功能、教育功能，涉及使用环境、人机工学、行为科学、消费者心理、教育学、美学、社会学、文化学等方面的研究（图 1-5-3）。

1.6 设计的基本原则

1.6.1 和谐协调

设计的使命是使设计物、相关环境、使用者构成一个完整和谐的整体。设计的总体原则，概括地说就是创造物的使用方式、使用功能和形式美关系协调的原则。“协调”是使这三者的关系和谐的总体原则。所谓“协调的有机组合”，就是指物体的内在结构、技术、材料等要素所构成的功能与人的物质需求协调；而物体的造型、色彩、肌理、光感等外在形式影响人的审美观念，满足人的精神需求。内外二者的组合构成了物体的品质和特性，也构成了物—人—环境协调的对应关联（图 1-6-1）。

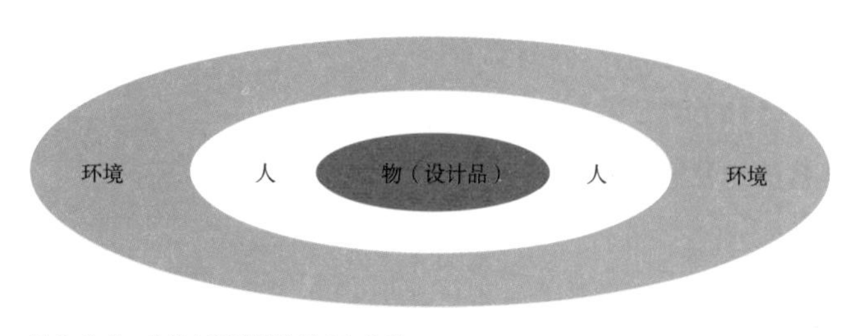

图 1-6-1 设计与环境的协调对应关系

要实现“协调”，可用类聚手法，用类似的符号语言连续、重复使用；也可清晰显示产品的关键特征，使其总体形象突出；也可用对比的手法，使互相排斥、对立的因素达到整体协调和谐、主次分明的设计效果。设计者应该设计出使用功能与审美功能协调统一的作品，以满足人们生理和心理、使用功能和审美功能等多种需要。

1.6.2 功能实用

人工物的设计制造是为了满足人类的物质需求和精神需求，而从历史角度和现实生活来看，我们会先考虑前者，首先满足人们的物质需求。恩格斯曾说：“人们首先要解决的是‘吃、喝、住、穿’等生存问题，然后才能从事精神方面的创造。”德国包豪斯设计学院的创始人格罗皮乌斯曾说：“一件东西必须在各个方面都同它的目的性相配合，在实际上能完成它的功能，是可用的。”他又说：“既然设计它，它当然要满足一定的功能要求……它必须绝对地为它的目的服务，换句话说，要满足它的实际功能，应该是耐用的、便宜的、而且是美的。”

产品设计的功能性原则，体现了人类务实、理性的精神，也是“以人为本”的折射。功能性原则一方面要求设计要达到效率、简便、安全、舒适等，满足人类的使用目的；另一方面要求设计要多样化，从单一功能向多功能开发（图 1-6-2）。产品的功能性原则和时间因素、信息因素、消费因素等有关，即物与人之间，物与周围环境之间关系必须协调。

图 1-6-2 产品的功能性设计

1.6.3 经济实惠

人类自古在认识自然、改造自然的过程中，创造了辉煌的物质文明。要最大限度地使更多人共享人类文明成果，我们要求产品设计材料选用节约、加工制作低能耗，经济、科学、有效地设计出功能质量好、使用价值高、购买价格低的产品。这就是设计的经济原则。

经济性原则是设计人道主义的体现，可概括为“适用、经济、美观”，能为人们的经济条件所承受，并在激烈的市场竞争中赢得优势。设计与消费是不可分割的整体，任何商品都是一头连着设计与制作，另一头连着消费者与用户。设计制作的产品，只有经过流通领域到达消费者手中进行消费，才算最后实现了设计的价值。所以，设计时考虑经济原则至关重要。

“不断降低成本从而降低价格”是宜家公司商业哲学中最重要的组成部分。宜家公司反复强化要为广大中低收入阶层的消费者提供物美价廉的商品和优质服务的理念，并把它真正贯彻到经营的各个环节里去。宜家公司的产品设计师在设计一件产品前，总会根据设计的定位，挑选品质相当的物料，并直接与供应商研究协调如何减低成本，同时又不至于太影响品质的制作方法（图 1-6-3）。

图 1-6-3 宜家公司产品设计的经济性体现

1.6.4 美观大方

人们对物品的要求，一是功能上满足使用；二是审美上满足追求。爱美是人的天性，所以设计的审美原则与实用原则一起反映了人类的两大基本需求：生理需要和心理需要。

设计是一个有机系统，它一方面要使产品具有一定的使用功能；另一方面又需要有一定的美感，使其与人的审美心理达到一种和谐。设计不能只是理性的设计，还必须是美的设计，不仅要满足人们的物质需要，也要满足精神需要，特别是对美的需要（图 1-6-4）。我们要求产品既是实用的，又是美观的。

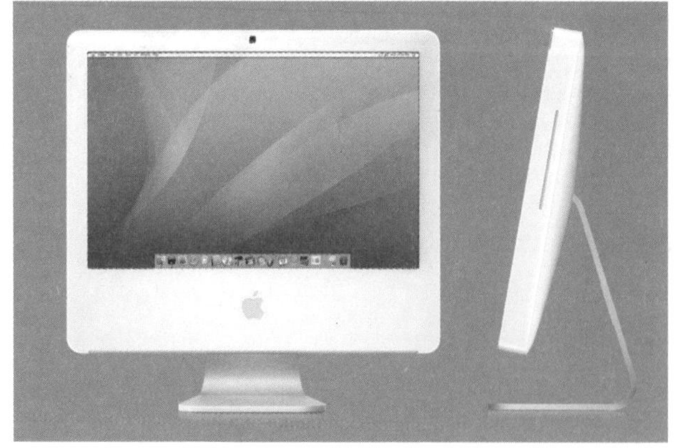

图 1-6-4　功能与美观结合的设计

如果说实用价值和经济价值反映了设计的理性特质，那么审美价值则体现了设计的感性气质。今天，随着科学技术的不断进步，随着现代工业的发展和社会精神文明的快速提高，人们对审美的要求也越来越高。在产品的美观方面，形式美占有重要的地位。在形式美的设计上，要从功能结构出发构建产品的形体秩序，尽可能简洁、清晰，排除无谓的附加装饰。

1.6.5　关怀人性

人是设计的核心。设计必须要考虑到人的需要，直到每一个细节。对于儿童玩具的设计，一定要标明适用年龄，而 3 岁以下的玩具，绝不允许出现可拆卸的小零部件，以免幼儿误食。人性化原则还应该考虑到全社会、全人类的生存发展问题。我们可以把设计的美分成内在美和外在美。内在美指的是设计本身包含的对人性的关怀，外在美是指设计外表形态的优美。

人们一度只追求产品功能，20 世纪 60 年代以后，越来越多的设计师开始积极地思考设计物将对周围各种环境会产生怎样的影响，人与物与自然环境之间是否保有互相依存、互促共生的关系等人类可持续发展问题。人性化价值模式产生于现代设计成熟以后。这种价值模式倡导以人为轴心展开设计思考，考虑个体的人、群体的人、社会的人之现实利益与长远利益的结合。

人性化价值模式将如下因素作为设计的出发点：从人的需求动机出发，研究人的生理需求、心理需求甚至智性需求；从人机工学角度出发，研究运动学因素、动量学因素、动力学因素、心理学因素、美学因素；从审美渗透层面出发，通过设计物呈现理想的美学规律，塑造技术与艺术统一的审美形态；从环境因素出发，使设计物在物理方面、风格形式方面与周围环境呈现正态融合；从文化要素出发，使设计物成为一定传统、习俗、价值观的关照物。进入后工业社会，设计的人性化价值模式越来越受到世人重视（图 1-6-5）。

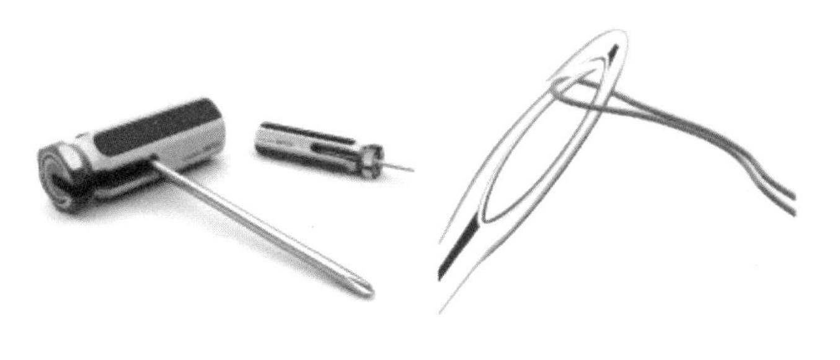
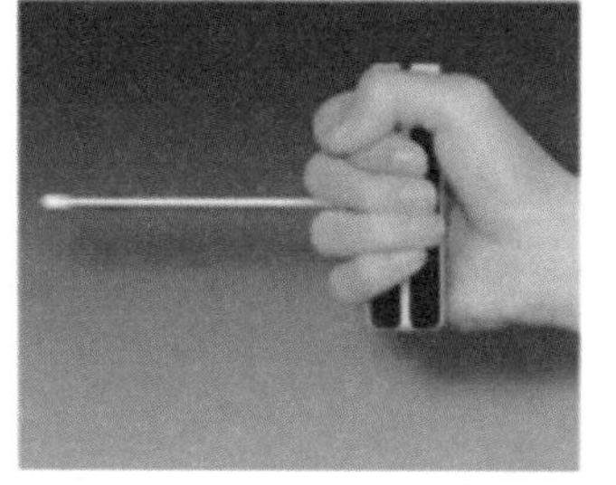
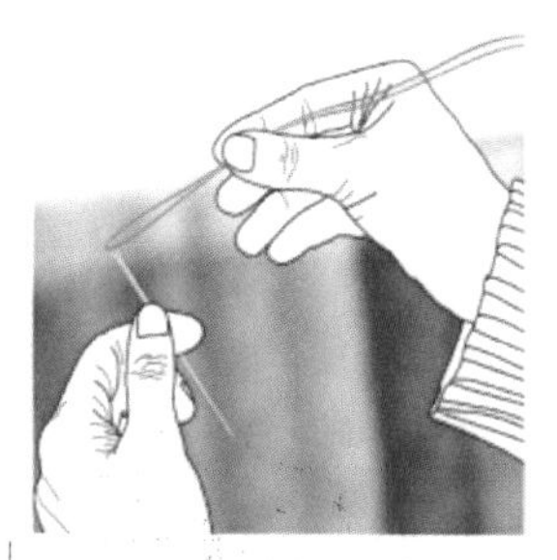

图 1-6-5 人性化设计的体现

1.6.6 生态环保

设计的宗旨在于创造一种优良的生活方式，而生态与环境是这种生活方式最基本的前提。优秀的产品设计应该有助于引导一种能与生态环境和谐共生的、正确的生活方式。优秀的设计除了反映出设计师的审美感，还需要考虑市场机遇、人机工程学意义，真正能够反映企业、使用者、设计师之间关系的产品才是真正意义上的优秀产品（图 1-6-6）。

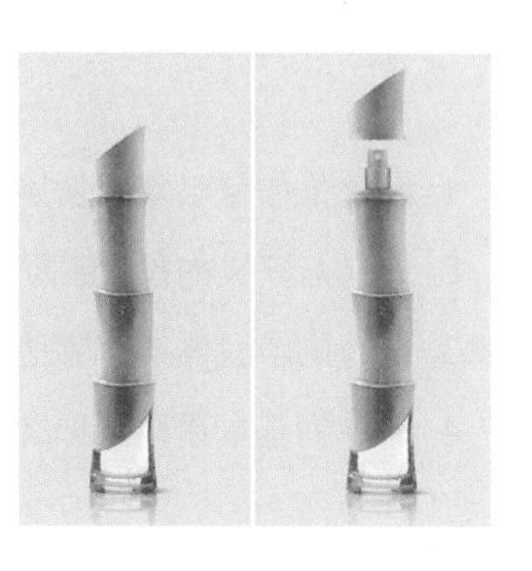

图 1-6-6 反映生态化的设计

人是环境的产物，产品也是环境的组成部分，优秀的产品设计应当在“产品—人—环境”三者之间的关系中，始终处于一种和谐有序的状态。进入 20 世纪下半叶，对人友好，对环境友好的生态设计受到提倡。对人友好，指的是设计应该有利于人的身心健康、有利于改善人际关系，有利于改善家庭关系和社会关系，有利于改善人的精神心理问题和社会问题。对环境友好，指的是设计在满足使用要求的同时，在制造、应用和回收处理中需要较少资源，对环境造成较少负担。德国未来和技术评价研究所对生态设计提出了一些基本原则：把原材料减到最小；选择无害材料；采用模块化结构，使部件容易安装、拆卸、互换；提高部件标准化，减少部件数目；提高寿命，提高可维修性，提高可维护性；采用易再生的原材料和部件；避免包装，或使用可再使用的、可循环的、可分解的包装材料；提高产品多用途性。

1.6.7 创新变化

我们当下处在信息社会，信息浪潮蜂拥而来，大众的消费观念在不断变化，社会审美情趣在不断提高，新的经济环境不断产生，新科技、新材料的发明、发现和被运用，要求设计必须不断掀起大动作的创新。从产品本身来看，任何一件产品都有生命周期，都不能是永恒的。产品从开发、设计到生产、销售，需要经历新生期、成长期、成熟期、衰退期的过程。正确把握产品生命周期的必然性，对产品在不同时期的设计作出更新变化，并开发出新品种，这既是创新的需要，也是设计的变化原则（图 1-6-7）。

每个时代有每个时代的风格特征，每个时代的审美观也是不断变化的，因此，设计中不变是相对的，变化是绝对的。我们的设计要能预测未来将要流行的趋势，制定导向性的设计目标和策略，在创新、变化中不断前进。

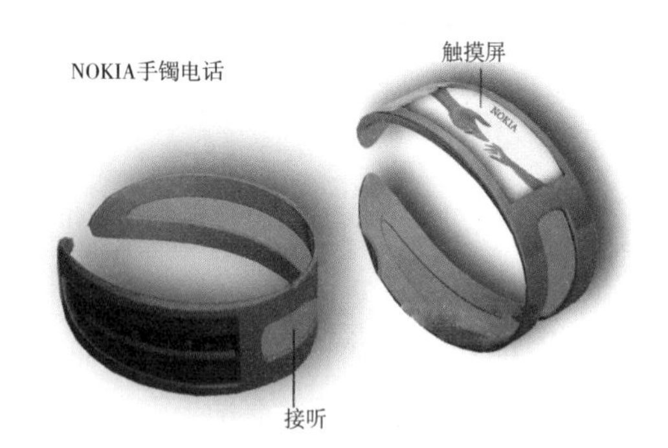

图 1-6-7　广告、音箱、手机的创新设计

思考题

1. 设计是如何出现并发展起来的？如何理清其脉络？
2. 广义与狭义的设计在研究领域与发展方向上有什么不同？
3. 设计的学科体系有哪些？它们相互有何联系？
4. 设计的基本原则是什么？如何体现在具体的设计中？

参考文献及延伸阅读

[1] 马克思．马克思恩格斯全集．北京：人民出版社，1975.
[2] 黑格尔．美学．上海：商务印书馆，1982.
[3] 尹定邦主编．设计学概论．长沙：湖南科学技术出版社，2000.
[4] 席跃良主编．艺术设计概论．北京：清华大学出版社，2010.
[5] 李砚祖．设计之维．重庆：重庆大学出版社，2007.
[6] 凌继尧，徐恒醇．艺术设计学．上海：上海人民出版社，2006.
[7] 魏来．设计密码．北京：中信出版社，2010.
[8] 诸葛铠．设计艺术学十讲．济南：山东画报出版社，2006.
[9] 章利国．现代设计社会学．长沙：湖南科学技术出版社，2005.
[10] 张孟常，许平，李新．新编设计概论．上海：上海人民美术出版社，2009.
[11] 杭间．设计道．重庆：重庆大学出版社，2009.
[12] 查尔斯・默里．文明的解析．胡利平，译．上海：上海人民出版社，2008.
[13] 马克斯・舍勒．人在宇宙中的地位．李伯杰，译．贵阳：贵州人民出版社，1989.

第2章 设计的特征

2.1 设计的文化特征

从 15 世纪前后的文艺复兴时期开始，多少文人墨客和思想家就没有停止过对文化的讨论。英国人类学家泰勒（图 2-1-1）在《原始文化》一书中对文化所作的定义是“文化是一个复合的整体，其中包括知识、信仰、艺术、道德、法律、风俗及人作为社会成员而获得的任何其他的能力和习惯。”中国古代文献中的“文化”一词，其最基本的含义是“文治教化”。《易传》中说：“观乎天文以察时变，观乎人文，以化成天下”。关于文化的定义还有很多，一般认为文化是人在历史活动中进行自我创造和自我实现的成果和过程。从现代意义来说，是指人类社会历史发展过程中所创造的全部物质财富和精神财富。

图 2-1-1 英国人类学家泰勒

文化是人类社会发展和生产实践中所创造的一切，包括物品、语言、行为、组织、观念信仰、知识、艺术等方面的总和，我们也称之为“第二自然”。人类的一切文化都始于创造和实践，原始人的创造工具的活动就是一种设计行为，也要从功能的角度选择材料、确定形制，在本质上与现代设计没有什么区别。在人类的创造和实践活动中积累形成的图像、色彩、语言、产品、精神等都是一种原始文化成果的记载和体现，同时，这种“文化成果”促进了人类的交流和传承，刺激人类进一步去创造和实践（图 2-1-2）。

图 2-1-2 服装设计中的文化体现

现代艺术设计必须扎根于民族文化的沃土中，才能体现出世界性的意义。如中国的唐装和日本的和服，都属于已经退出历史舞台的文化，但设计师经过努力再设计，均体现了一种崭新的民族文化。所以，艺术设计要充分研究和考虑设计品所使用的文化环境。例如中国人喜欢岁寒三友，意大利人不喜欢菊花，而日本人忌讳荷花，等等。

2.1.1　设计文化与生活方式的关系

设计在沟通文化的同时也沟通了社会生活的联系。生活是设计内容的直接来源，设计的文化，也就是生活的文化。马克思说过："人类生存的第一个前提就是：人们能够生活。要生活，就需要衣、食、住以及其他东西。因此，第一个历史活动就是生产满足这些需要的资料，即生活物质。"因为设计的产品直接进入生活领域，满足了生活的需要，人们才从设计中充分享受到生活的乐趣。不仅如此，人们的生活方式还可因设计而改变，设计是生活文化的代表者。

作为文化表征的设计品与人类生活息息相关，体现着一种生活方式。正如服装设计师所言，他设计的不是女装，而是女性本人——她的外形、姿态、情感、生活风格……这才是设计师设计的真正目的，设计师直接设计的是用品，但间接设计的是人的形象、观念和生活方式。设计要受现有的文化制约，同时它又在改变旧有的文化价值，甚至在创造新的文化类型。也就是说，设计品不仅为人类生活提供服务，而且是不同时期人类生活方式的载体。

今天，设计文化集中表现为导引我们回顾人类的历史，反思人类的行为，创造美好的生活。

2.1.2　现代设计与传统文化的融合

现代设计可以延续文化的传承。日本在处理工业设计与传统工艺上采用了"双轨制"：在现代工业产品设计中完全用现代的方式；对传统手工艺则采取保护的政策，有意在设计上借鉴传统形式，如灯具、家具、印染、商品包装、室内布置等，取得较大的成功。柳宗理是日本老一代的工业设计师，他虽受到包豪斯和柯布西埃的影响，但却很重视日本乡土文化，从民间工艺中汲取美的源泉，受其影响。日本设计界一贯坚持本土文化的风格。

意大利设计也非常重视传统文化。在第二次世界大战结束后的几年中，许多意大利设计师与当地手工艺人合作，把藤作为制造椅子、椅座、桌子和篮子的材料，使产品得以种类繁多，又价格便宜。

全美三大设计公司之一的ZIBA公司总裁的梭罗·凡史杰（Sohrab Vossoughi，1956—　）（图2-1-3）曾忠告中国设计师："悠久的历史

图2-1-3　ZIBA公司总裁的梭罗·凡史杰及其公司设计的作品

和文化根基可以大大提高设计水平。想想看你们的四大发明吧。中国人富有创造力，一味地从外国设计师那里借鉴创意真是非常糊涂的做法。要追本溯源，记住中国人曾经的成就。500 年前，你们曾经是世界文明的中心。你们拥有自己独特的 DNA，别被西方那些设计束缚住了手脚。放手去做你们认为正确的事情。”这些话都值得我们深思。

2.1.3 设计文化与物质文化的统一

艺术设计拥有物与人、物与物、物与环境、物与社会等多重内容的协调能力。这种协调能力直接影响了物质文化的内在因素。物质文化几乎成为人类文化的代名词。以建筑为例，神奇恢弘的巴黎卢浮宫及其门前的金字塔（图 2-1-4）、庄严肃穆的德国国会大厦（图 2-1-5）、北京故宫建筑群……这些建筑本身的结构、造型、布局等各种因素，体现了它们作为物质文化存在的经典价值。而反映在物质层面的材料、能源、工艺技术等方面的因素都是历代科学技术水平的显现。甚至可以看到思维方式、社会制度、行为规范、风情习俗影响下的精湛实体，反映了所负载行为文化、社会秩序等方面的内涵。

设计文化与物质文化密切相关，很多时候，设计文化就是一种物质文化。

图 2-1-4 巴黎卢浮宫

图 2-1-5 德国国会大厦

2.2　设计的艺术特征

设计作为艺术和技术的集成，与艺术有着密不可分的关系。设计活动伴随人类生产活动和器物文化一起出现，具有审美属性和精神属性，如西方教堂中的装饰物（图 2-2-1）。原始人大多数人工制品设计与艺术相互融合渗透，既是工艺品又是艺术品。19 世纪下半叶，英国工艺美术运动提出“美与技术结合”的原则。20 世纪初，设计在向标准化与合理化发展的同时，欧洲艺术运动也在蓬勃兴起。同时，未来主义、表现主义、构成主义等都在工业文明下努力探索美的形式与功能。在进入信息时代后，人们普遍要求产品既有实用功能又有审美个性……设计与艺术在很多方面已走到了一起。从理论意义上讲，设计一直为它的学科美术和建筑理论所包容，其概念的本身就是从美术与建筑实践中引申出来的理论总结。

图 2-2-1　西方教堂中的彩绘玻璃与祭坛画

真正的美具有积极向上的精神力量，这是现代设计师和纯艺术家们一致的追求。现代设计要考虑产品或作品的艺术性，用恰当的审美形式和较高的艺术品位给受众以美的享受。现代设计与现代艺术之间的距离日趋缩小，新的艺术形式诱发新的设计观念，而新的设计观念也成为新艺术形式产生的契机。另外，现代设计的服务对象不是设计师自己或少数人，而是社会大众，在坚持设计的高雅艺术原则时，现代设计师首先要考虑或关注的不是个别人的审美爱好，而是客观存在的普遍性的美学原则和艺术标准，即某一社会、民族的共同美感。

2.2.1　设计和艺术的传统渊源

从历史角度来看，人类早期的设计活动与艺术融为一体。工具的使用促成人脑意识的形成，也在客观上孕育着形式美的种子。早期人类创造石器和陶器时，其审美能力隐藏在物品的使用功能中，处于自发状态。随着生产力的发展，人类对所制器具中一些偶然得到的肌理和形态有了模糊的审美意识，导致了原始美感的形成。随着劳动对人的生理、心理结构影响及造物的深入，人类形成了自身的心理结构、审美感官以及审美能力，人类造物活动开始具有审美特质。原始造物是设计与艺术的共同土壤。自从人类有意识的创造活动开始，艺术审美性便随着第一件工具的创造体现出来，砍砸器、陶器、骨针、兽皮衣物、玉器等大多数人工制品既是工具或工艺品又是艺术品。

随着生产力的进步和社会的发展，人类的文化内涵由单一性向丰富性发展，社会出现细致分工，音乐、戏剧、舞蹈、绘画、雕塑、文学不再是实用的附属，而转化为一种纯粹的精神性的艺术形式。在工业革命之前，设计、生产、销售都是工匠的个人行为，工匠会尽量地使自己的作品在好用的基础上更加美观。而机器时代的产品不再精雕细琢，一些社会理论学家、艺术家和设计师发起了工艺美术运动，最先提出了产品与美结合的思想，开启了艺术与设计结合的时代，之后，经由新艺术运动、现代主义运动的努力，艺术美的特征开始走向实用，走向人们的日常生活。

2.2.2 艺术对设计的多重影响

设计与艺术也有极深的渊源，受到艺术的多方面影响。

1. 艺术家的影响

文艺复兴时期，艺术家就是设计的一支重要力量，如米开朗基罗、拉斐尔、瓦萨里等，他们不仅自己从事设计，并且训练了专门的设计师，大大加快了设计师走向职业化的进程。

2. 艺术运动的影响

各个时代设计与艺术的审美趣味是一致的，它们的发展并行不悖。构成主义、未来主义、风格派、波普艺术等几乎每次艺术运动都与相应的设计运动相伴而行。

3. 审美观念的影响

艺术是设计的直接美学资源，艺术的审美观念指导着设计审美创意的产生、视觉元素的安排、视觉形式的选择等，直接影响到设计的表现效果。没有对艺术的深刻认识，纯公式化的设计不会创造出富有感染力的作品。

一件现代设计产品，至少包括两个部分：一部分是数理的、科学的；另一部分是感性的，是艺术范畴的。从机械时代到电气时代，再到今天的信息时代，设计产品的数理科学性日益凸显，但是设计产品若想被人们接受还得具有人性化的特点。如果说设计的内核是理性的、抽象的，那么人机界面就是感性的、具体的。艺术对设计的影响，表现为艺术为设计提供了表达设计意图的手段，使设计构想从观念形态转变为可视形态。在现代产品中，能不能用，主要取决于工程技术，而用得舒不舒心，就体现艺术的这一方面，涉及产品的外观造型、形体布局、面饰效果、操纵安排、色彩调配等（图 2-2-2）。

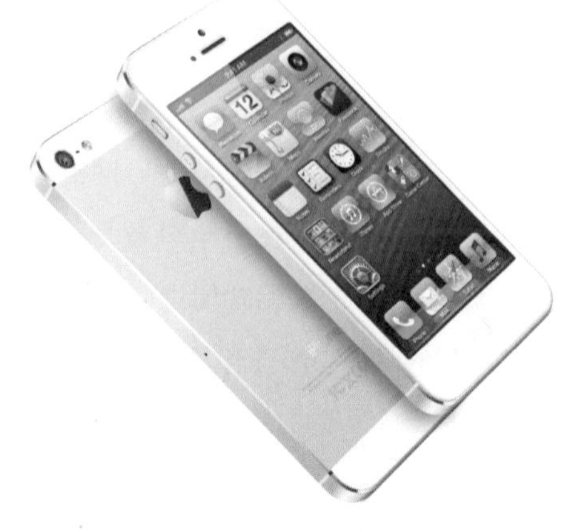

图 2-2-2 科学与艺术于一体的界面设计

2.2.3 设计与艺术的本质区别

设计与艺术有很深的历史渊源，在发展的过程中互相影响，甚至缠绕到一起，难以区分。但设计是一种经济行为，而艺术是一种审美行为。设计的目的是实用；而艺术的目的在于审美。

作为经济行为，设计要考虑技术、成本、市场需求，要能解决实际问题，设计师必须与社会保持紧密联系，不能“闭门造车”；作为审美行为，艺术不受经济的制约，艺术家与社会接触只是为了获得审美经验与创作灵感。虽然也有艺术品市场，但艺术可以不考虑社会需求，甚至远离生活，创作极为自由。设计作品具有广泛的认同性，其好坏优劣由市场来决定；艺术作品具有非广泛认同性，其价值不以经济标准及公众喜好来衡量、区分，甚至往往出现优秀的艺术作品长时间不被公众认可的现象。

另外，设计是沟通，是传达，而艺术是表现，是创作。艺术是感性的，它不追求直接的实用性，不为大众而存在，不求得大众的理解。而设计更趋理性，是为大众而存在，表达大众的感情，有目的性，不仅要美观，还要有实用性。

2.2.4 设计与艺术的相互发展

无论是作为精神存在的艺术，还是面向人们生活的设计，它们都是人创造的，也是为了人而创造的，它们都关注人类的生活世界和生命存在。如果我们从关注人类生命存在的这一点上看，它们有着极为相似的地方，它们的目标都是为更美好的人类生活世界而进行创造。

设计的艺术化，就是站在一种艺术的价值高度去对待生活，在设计人类活动所需物质的角度，在功用性的基础上，用艺术满足人的精神需求和审美内涵。通过艺术手法把人类的生活世界转化为一种综合的、整体的、多元和谐的艺术世界和人性世界。

设计的艺术化和艺术化的设计所体现的精神便是尽可能完美地把艺术和设计结合起来，充分关注人类多样的物质性需要，在物质性的世界中体现艺术的精神情感，也在艺术化的探索和追求中创造实实在在的物质世界，这两者都是人类生活得以存在和延续的最基本的领域。

2.3 设计的社会特征

设计与社会形态有着密切的关系，物化的设计主要为社会生活而进行。现代设计有着明显的社会特征，其社会性可以视为当代设计多种属性中最为基本的规定性。

2.3.1 社会形态决定设计风格

设计是与某个时期人的生活方式是相适应的，从衣、食、住、行到意识形态都随时可以看到设计的影响。在相对稳定的社会里，人们的生活方式变化小，固有的衣、食、住、行习惯也相对稳定，沿用既成设计的现象比较多见，对设计思想的刺激也较小。但当社会发生变革时，会带来意识形态的冲击波，人们的生活方式也随之变化，势必需要新的设计思想与之相适应。例如，中国在宋代之前很长一段时间里都是席地而坐、卧于榻上，与之相应的家具设计都适应这样的起居方式。但后来人们开始垂足而坐，进而产生了围桌而坐的“团圆式”进餐方式，这改变了中国的室内陈设方式，带来了家具设计的风格的改变（图 2-3-1）。

图 2-3-1 席地而坐与垂足而坐的生活方式

社会变革大体分为两种类型。一种是社会内部的变革，一种是外力的推动。社会内部的变革较为缓慢，外力推动的社会变革会促使开放型社会的形成。18 世纪中期以来，开放型社会依靠工业革命的背景，在科学技术与设计方面均走在世界的前列，获得了工业化的优势，一改手工业设计为主的格局，成为现代设计的摇篮，在全球激起了设计革命的波澜。

2.3.2 设计反作用于社会发展

设计对生活方式有一定的适应性，但又不是完全被动地适应，而是积极地对生活方式产生影响。当设计发生某种变化时，也会带来生活方式的变化。人类的整个文明发展史都与设计有关，人们的生活方式在物质和精神层面都受到设计的直接影响。

设计既是一种经济活动，也是一种精神活动。它的产品既作用于人的经济生活，又作用于人的精神生活。这种影响表现在以下两个方面：一方面是对物质交往的影响，不仅指交易方式，而且指占有设计、发明的权利和转让的自由。货币是对物质交往影响最大的设计，它彻底改变了以物易物的种种不便，并催生了银楼、银行等金融机构，同时也衍生了与货币相关的法律。另一方面是对精神交往的影响，人际间的精神交往不仅有交谈、通信等直接的方式，也有通过物质产品传播价值观念、宗教观念、审美观念等思想观念，从而对社会精神生活产生影响。设计在这一方面的作用，从来就受到社会的极大关注。

2.4 设计的科技特征

一般认为科学即是指导人类与自然界打交道的理论知识，尤其指比较系统的自然知识。人类发明、创造、发展了科学技术，而科学技术作为一种文明的力量，又不断完善着人类自身，对整个人类文化的结构、内容、形式及发展方向都有着重大的影响。

17 世纪，牛顿奠定了现代科学的基础，让我们对世界有了新的认识。1785 年，瓦特改良了蒸汽机（图 2-4-1），机器出现了。19 世纪，钢筋混凝土的出现，促使了高层建筑的诞生。20 世纪 30 年代，塑料和金属模压成型方法广泛应用，流线形的设计特征得以确定。1939 年，达盖尔发明了摄影术（图 2-4-2），才有了今天的照相印刷，并翻开了视觉传达史的新一页。由于收音机、电视机等多种新媒体的使用，广告业迅速发展。而后伴随着计算机、网络等新兴媒体的崛起，设计的表现领域日益扩大和深化。这些都是科技发展对设计产生的巨大影响。

图 2-4-1 瓦特及其改良的蒸汽机

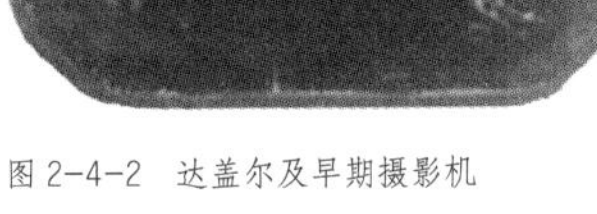

图 2-4-2 达盖尔及早期摄影机

2.4.1 科技进步带动设计发展

现代科学技术在宏观和微观上都扩宽了人类认知的空间，通过生产力渗透到人们生活的各个领域，促使艺术设计也相应地向更宽广领域渗透。

用新材料、新工具、新技术创造出新的设计，已成为设计界的惯例。早期包豪斯大师们就强调了材料技术对设计的重要性，用到钢筋混凝土、框架结构、玻璃幕墙、闭合天桥、防水材料等，使设计造型轻巧优美，具有优良的性能。在过去的 100 年间，许多高强度金属和可塑性的材料用于建筑设计，这些新材料的发明为设计突破想象空间，创造了可能和条件。

今天，由于高新技术的发展，计算机辅助设计、信息技术、机器人技术兴起（被描述为第三次工业革命），我们的设计师已可以不再使用纸、等等传统工具而改用计算机来工作，同时也实现了计算机与机械的直接对话，许多机械化技术较难办到的事情，通过计算机与人工智能技术，已变得轻而易举了。科技成果使平面设计由二维向三维延伸、由静态向动态发展，数字设计、智能设计、虚拟设计、产品创新与设计管理等领域已经成为设计师关注的焦点。

科技作用于艺术设计领域的另一种方式是间接影响，主要是通过科技发展及其成果引起人们思想认识领域的重大变革，进而演化为影响社会各领域的人文主义思潮，从而对艺术设计领域产生深远的影响，从工艺美术运动、新艺术运动、现代主义运动、后现代主义运动等各设计流派的产生、发展和衰落中，我们不难认识到这一点。

2.4.2 科学理论影响设计思想

作为科学和艺术相结合的产物，设计在其发展过程中受到科学理论思想的深刻影响。从现代设计发展的历史来看，许多科学理论对现代设计都产生了重大影响，如电子计算机、信息论、控制论、运筹学、系统工程、创造论、现代决策理论等。

图 2-4-3 赫伯特·西蒙

1919 年，诺贝尔经济学奖得主赫伯特·西蒙（图 2-4-3）正式提出设计科学的概念。它是设计哲学和设计方法的总和。设计科学概念的产生说明设计除了对科学技术有具体运用外，其本身也具有科学性。显然，科技在为设计提供了新的工具、技术和材料的同时，也带来了学科的综合、交叉及各种科学方法论、科学思维的发展，从而引发了新的设计观念与设计方法学的研究。现代设计具有动态化、多元化、优化、智能化的特点，我们必须依靠现代科学方法论，才能解决日益复杂的设计课题。

2.4.3 设计是科技物化的载体

科学技术是一种资源，这种资源必须要物化成现实工具或产品后才能服务人类生活，这就必须依赖设计。设计是科学技术物化的载体，它将当代的技术文明用于日常生活和生产中去，并发挥着不可替代的作用。设计人员选择现有的技法、材料、工具，从科学那里汲取知识并探求人类合理的生活方式，产生伟大的“创造”。因为有了设计，材料加工、成型技术、能源技术、信息技术、传播技术等才能应用在广大的工业领域。

1972 年，美国著名设计师罗维（1893—1986）接受了月球登陆飞船的室内设计任务。罗维从航天飞行的实际情况和宇航员的身心需求出发，减少舱内上千个开关和按钮，使宇航员有了安定、平衡感，大大改善了飞机的室内环境，促进了太空科技的发展。

世界各国为了增强在国际市场上竞争力，都充分意识到设计是科学技术商品化的载体这一特点，强化设计功能，将科技潜力转化为国家实力。第一次世界大战后，德国魏玛政府讨论并通过了格罗佩斯关于创建包豪斯学院的建议，培养了大批优秀的设计师，把有限的经济、科学技术和管理力量充分转化为商品，有力地推动了德国经济的发展，使德国成为欧洲第一强国。

2.4.4　科技与设计的相辅相成

设计是一门以工程技术和美学艺术相结合为基础的学科，一方面，设计依赖科学技术来实现其目标，技术是审美表现的必要条件；另一方面，科学技术的推广必须依靠设计的力量。科学技术与艺术设计之间是一种相辅相成的关系。

图 2-4-4　著名科学家李政道

设计是科学技术与艺术的产物，设计作为科学的产物，其艺术实质上也趋于科学化。古希腊神话中缪斯是同时主管科学与艺术之神。著名科学家李政道（图 2-4-4）也曾说过“科学和艺术是不可分割的，就像一枚硬币的两面。”21 世纪设计将由物质设计向非物质设计进行转变，设计、生产方式向智能化生产、数字化操作、虚拟化设计转变。而推进这一转变的关键就是信息技术。近代的微电子技术、数码技术、虚拟现实、互联网络等新的物质技术使人们可以快速、准确地传送大量的文字与图形数据。现代科学技术使人们重新认识和发现包含在技术中的美。

2.5　设计的经济特征

设计是经济的产物，要为发展社会经济服务。设计艺术的价值要在社会经济活动中得以实现，才能体现它的经济性。设计艺术的经济属性是它区别其他艺术活动以及手工业的首要特征。

日本战后将设计作为国民经济发展战略，一跃而成为与美国、欧共体比肩的经济大国。国际经济界分析认为：“日本经济 = 设计力”。日本工业设计界的大师级人物秋田道夫（图 2-5-1）曾经说过：“好的设计需要符合‘GOOD DESIGN BUSINESS’特色，设计是一种生意，要能卖得好才行。”曾被称为“亚洲四小龙”的韩国、新加坡、中国香港地区、中国台湾地区的经济起飞，正是依靠对设计的巨大投入以及对日本经验的借鉴。21 世纪的市场竞争取决于设计竞争，许多国际知名企业都将设计作为提高经济效益和树立企业形象的根本战略和有效途径，从设计入手调整其组织机构、产品结构、营销方式。

图 2-5-1　日本设计大师秋田道夫及其作品

从传统设计发展的历史来看，设计的生存和发展，离不开经济的土壤。设计的经济性，体现在以下两个方面：

（1）设计创造的使用价值和商业价值是社会物质生产的一部分，设计产品具有实用价值和审美价值，产生了经济价值，其本身就是一种经济生产活动。

（2）设计作为一种经济形态，直接受到经济规律的支配，受原材料成本、生产工艺方法和产品包装、广告设计等经济形态制约。

2.5.1 设计过程包含经济因素

设计过程中的经济因素就是设计、生产、消费三者的因素。它们互为衔接、不可分离。设计是先导，创造生产与消费；生产是中介，是设计的物化过程；消费是转化，让设计与生产实现价值并激发新的设计循环产生。可以说经济因素影响和制约了设计的整个过程，经济因素在不同的阶段有不同的作用形式。

构思设计阶段：设计师通过周密的设计调查和细致的资料分析，对设计物的原有状态的经济价值进行评估分析，全面了解市场需求，预测市场动向，针对不同消费层的消费心理，用创造性思维方式和表现手法使之成为崭新的设计方案。

实施设计阶段：此过程从设计物的试产、批量生产和专利保护等方面均受经济的制约，成本、产量、价格、生产流程、生产技术等方面直接影响它的功能发挥。为了取得预期的效果，设计师必须考虑到批量生产带来的成本投资、管理投资和最终的价格、利润之间的关系。

实现设计阶段：设计物最终要推向市场实现其经济价值，主要是通过销售来实现的。相应的社会经济环境、市场需求和销售策略决定了设计物的实现效果。设计师应当及时了解市场反映和销售效果，综合反馈信息，改进产品设计和进行新的设计构思。

2.5.2 设计与经济的互动发展

设计与社会经济的互动首先体现在设计与制造消费的互动上。按照马克思在《〈政治经济学批判〉导言》中论述的“生产和消费”之间的辩证关系可知，没有设计制造就没有设计消费，没有设计产品消费也就没有设计制造。

设计消费从两方面推动设计的发展：第一，设计产品只有在消费中才能实现其价值；第二，消费创造出新的需要，使设计师获得新的设计方向和目标。

设计制造从三个方面促进设计产品的消费：第一，为消费提供对象，没有设计制造，消费无从谈起；第二，给予消费的规定和性质，使消费得以完成；第三，设计产品在消费者身上引起新的消费需要。

设计艺术满足人类的物质需求和精神需求，提高了产品的科技含量和艺术含量，增加了产品的审美附加值，带来了生活方式的变革，推动社会经济不断发展，对社会经济的能动作用越来越明显和充分。经济形态的变化也为设计艺术的发展提供了更为广阔的空间，设计艺术作为社会经济发展的推动因素，也必须将以更完善的运作体系，更好地为社会经济服务。

2.5.3 设计对市场开发的作用

企业生产的设计品以商品形式进入市场，市场是人类经济活动的枢纽，只有占领市场份额，才能取得经营效益和社会效益。因此，设计的最终实现与市场紧密相关，并且受市场制约。我国加入 WTO 后，越来越多的跨国公司直接进入，原本激烈的市场竞争更加残酷。同时，在买方市场条件下，众多企业面对越来越苛刻的顾客，这就使企业必须不断地提供优良的产品以满足市场需求，一个公司只有领先的设计才能够赢得市场。

设计对于市场开发具有的作用有以下几点。

首先，设计具有市场的定向作用，能从模糊的市场需求中把握方向，为市场开拓明确目标。在整个市场营销的组织中，设计占有引导性的地位。在“设计→生产→销售→使用”这 4 个环节中，设计不仅在时间上先于生产、销售活动，而且设计的市场定位合理与否，在很大程度上决定了销售与使用的成效。

其次，设计具有细分市场的作用，能满足不同人群的需要。从微观经济学分析：市场 = 消费者 + 欲望 + 购买力，市场的细分作用是划分出具有共同心理需求、消费支出能力的消费者，并针对其进行设计。不找准目标对象、脱离市场需求的设计是盲目的设计。

再次，设计通过提高产品的文化内涵和艺术品位来提升产品价值，从而在市场中创造更多的附加价值。现在的市场已经告别了以功能定天下的时代，科技的普及让各产品的功能趋于同化，设计的优劣就成了市场竞争的主要手段。通过设计创造的附加价值能决定一间企业的兴衰成败。

最后，设计能不断实现产品的更新换代，以适应市场的需要。市场需求不断地推动产品的更新换代，设计对于市场开发，一方面要保持现有的市场占有率；另一方面要建立正常的产品梯队，做到生产一代，储备一代，研发一代，预测一代。当一代产品销售下降时，新一代产品立即推出，使企业始终保持最佳的经营状态。

2.6 设计的创新特征

我们进入了一个被称为“创意经济”的时代，创造性设计将会是这一时代的主要推力。设计的含义是规划未来、开拓创新，其本质就是创造性活动。目前代表世界一流品质的“国际品牌”仍然是美国、德国、日本、意大利等国制造的产品。这些品牌的诞生都是高度重视设计创新的结果。西门子公司的价值观是“创新是企业成功的根本驱动力量”（图 2-6-1），而索尼公司则声称：“创新是索尼的 DNA。”在当今国际市场上，设计已成为一个炙手可热的产业，设计力的竞争本质上就是国家之间创新能力的竞争，重视设计与创新的国家必然是工业兴旺发达的国家。

2.6.1 创新设计的功能

新的产业革命把世界推进到一个崭新的设计时代，设计时代意味着高附加值的时

图 2-6-1 西门子公司的设计产品

代。商品价值中除了材料成本、人工费用、设备折旧等有形价值外，还包括技术的新颖性、功能的实用性、产品的整体性、售后的周到性、文化的内涵性等无形价值，这就是附加价值。它能以物态形式刺激人们生活欲望，唤起人们向改变生活方向的努力目标。随着消费观念的更新和市场的不断发展，附加值在商品价值中所占的比重将越来越大。

产品创新设计不但能创造高附加值，增强企业在竞争中的优势，也可以带动消费习惯、消费文化和相应的购买力，从而创造新的市场，拉动整个行业和经济的发展。总的来说，创新设计具有以下功能：

（1）从产品角度，能为产品创造高附加值。

（2）从市场角度，能保持强劲吸引力，不断刺激消费者的消费欲望。

（3）从消费者角度，能不断获得新产品，满足物质和精神生活的需要。

（4）从设计师角度，能不断迸发灵感进行创造。

（5）从经济发展宏观角度，能使整个国家的经济呈现出强劲的竞争力。

2.6.2 设计创新的内涵

设计是一个永恒的话题，贯穿于人类社会发展的全过程，而创新是民族进步的灵魂，是人类的财富之源，是国家昌盛的根本，是社会发展的动力。设计创新是一种生产力，是设计师的生身立命之本，也是企业实现可持续发展的必要前提与重要保证。

首先，创新是设计发展的生命力。人们的需求促使创新的产生，创新实现人们新的生存方式，并不断催生新的心理动机、新的创造。

其次，设计是一种造物文化，进行文化创新是体现设计师创造性的一个方面。无论是民间文化、都市文化，还是科技文化、艺术文化都是创新的土壤和环境，特别是东西方文化的交融，传统文化和现代文化的结合，都能从本质上带来设计文化的创新。

总之，创新是设计永恒的主题，也是衡量设计是否具有生命力的重要标准。设计师只有通过不断创新，开发出消费者心目中的优秀作品，才能在广阔的市场上占有一席之地，实现设计师应有的价值。

2.7　设计的人性特征

设计是科学和艺术、技术与人性的结合，科学技术给设计品以坚实的结构和良好的功能，而艺术和人性使设计物富于美感，充满情趣和活力，成为人与设计和谐亲近的纽带。片面强调任何一面都将使设计走向极端，与设计初衷背道而驰。现代主义设计受到人们的批评和责难，是因为它在强调理性和功能性时，忽略了对人性化的关注，而走入了高度理性化、冷漠化、单一化的歧路。

2.7.1　设计与人的安全需求

在设计活动中，人的需求是根本出发点。而在人的众多需求中，安全属于基本需求。20 世纪 60 年代，瑞典开始重视儿童乘车的安全，在儿童后向座椅（图 2-7-1）的全面推广中取得成效，成为全世界儿童乘车最安全的国家。日本松下电器 8 年来一直潜心开发“通用设计”理念，让不同年龄、性别、身高和体质的用户（包括残疾人）都能方便使用产品。NA-V80GD 斜式滚筒洗衣机就是贯彻这一理念的第一款具体产品，它使包括儿童和残疾人士在内的所有消费者都可以便捷使用，不仅外观时尚、款式新颖，而且真正实现了产品的人性化。

图 2-7-1　瑞典的儿童后向座椅

设计师对人性的关注已扩展到弱势群体这一设计领域，包括残疾人、老年人、慢性病人、精神疾病患者、孕产期妇女等，他们行动不便，生活能力弱于常人。设计师应在自己的设计中体现对用户的关怀，发扬设计最具人道主义和人情味的一面，并积极承担社会使命，呈现人性化的社会关怀。

2.7.2　设计与人的心理需求

设计师的设计不仅要满足人们基本的安全需要，还要满足现代人追求轻松、幽默、愉悦的心理需求。在快节奏、高压力的生活中，考虑心理感受的设计会得到人们的青睐和追捧。人性化的设计可以通过色彩、造型、装饰、材料等设计的形式要素，引发人积极的情感体验和心理感受（图 2-7-2、图 2-7-3）。设计师还可在如何使产品更具个性化及适合人体等方面多作研究，使设计物与使用者融为一体，像穿戴的衣服和珠宝那样成为我们身体的一部分。如蓝牙技术在设计中的采用，消除了人与产品之间的空间障碍。

设计是人的设计，产品的使用者和设计者都是人，因此人是设计的中心和标准。这种标准有生理方面，又有心理方面，它们是通过人性化的设计来实现的。人类设计只有以人为中心，为人的身心健康服务、为健全和造就高尚完美人格服务，才会永远具有蓬勃活力。正如美国当代设计家德雷夫斯所说的："要是产品阻滞了人的活动，设计便告失败；要是产品使人感到更安全、更舒适、更有效、更快乐，设计便成功了。"

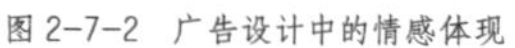

图 2-7-2 广告设计中的情感体现

图 2-7-3 产品设计中的情感体现

2.8 设计的时代特征

人们追求美，于是有了设计。不同的时代有不同的流行元素，设计就烙上时代的印记。设计与纯艺术不同，它要经过商业运作的检验，要得到大众的认可。设计不是孤立的，它与哲学、美学、艺术、心理学之间都有深刻的关系，是一个时代文化的重要方面，有时一种设计风格会成为一个时代的标签（图 2-7-4）。

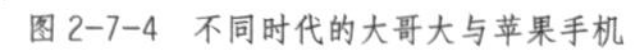

图 2-7-4 不同时代的大哥大与苹果手机

设计的时代性是当代技术与传统文化的对立统一，寻找其时代特点与民族文化的交汇点是设计真正充分反映时代性的关键所在。20 世纪后期，文化以及世界格局呈多元化发展，与众不同、标新立异的个性追求成为一种时尚，许多常规性的东西被打破，个人追求的局限因素越来越少，人人都可"设计"自己的生活。在这时，突然崛起、迅速传播的后现代主义以一种崭新的姿态对现代主义进行了"承续"和"反拨"，注重人性化、风格化，寻求文化品位，展现了一种全新的时代性美学精神和设计思想。

总而言之，设计源于时代，又先于时代，设计是时代的反映，时代为设计提供了成长的土壤，不同的设计代表了不同的时代，设计具有时代性。

2.8.1 设计的时代性内涵

现代汉语词典对“时代”的解释包含两个方面：

（1）指历史上以政治、经济、文化等状况而划分的一个时期。

（2）指人生命中的一个时期。

通过以上解释，可进一步理解设计的时代性，设计从其内蕴的意念、观点到外在的表现手法、形式、材料等物质载体，都随着时代的变化而变化。

不同时代的消费者有不同的审美观和价值取向，而设计必须紧紧结合时代的审美特征，一旦设计与时代脱节，就无法得到大众认可。当今社会，生活节奏加快，社会科技迅速发展，新事物层出不穷，高效率的商业视觉运作，引发了公众对视觉信息的狂热追求，新的思维方式出现，大众品位的提高，电脑软件的出现都为设计提供了更开阔的空间，让设计师的灵感得到更大程度的体现。在这种时代背景下，设计必须在最短的时间内吸引观众，引发共鸣。谁把握了最新的设计流行元素，谁就站在时代设计的前沿，成为先锋者。

2.8.2 设计的时代性表现

所谓设计的时代性，主要有 3 个方面。

第一是设计观念的时代性。现代设计已不是单一的产品设计，而是社会、经济、科技、文化的综合反应。新的思维方式，新的技术体系，新的科学技术，必然带来新的设计观念和思想，设计创作很自然地就应该在观念上适应当今时代的特点和要求，用自己特殊的语言，来表达所处的时代的实质，表现这个时代的科技观念，展现思想和审美观，设计出人们所愿接受的产品。

第二是设计手段的时代性。科学的高速发展，为我们设计提供了新的技术和工具，新材料、新结构、新技术、新工艺的应用使设计有了很大的灵活度。比如电脑不仅大大缩短了设计的时间，降低了成本，而且更形象地体现了产品的特征。科学的发展，必将为我们提供更多，更先进技术和手段。

第三是设计产品的时代性。当今信息技术已经渗透到社会每一个角落，知识经济所带来了社会观念的变化和思维模式的更新，极大地影响着人们的审美观与价值观，多元的综合的观念和思维方式在起着主导的作用，社会生活方式也发生巨变，以人为本、回归自然已经成为现代人的普遍要求。现代产品必须符合和满足人们的这种需求。

思考题

1. 设计的文化特征如何体现？如何提高设计的文化内涵？
2. 设计与艺术的区别和联系是什么？如何体现它们的现实价值？
3. 设计的人性化在 21 世纪有什么现实意义？

参考文献及延伸阅读

[1] 泰勒 . 多维视野中的文化理论 [M] . 杭州：浙江人民出版社，1987.

[2] 荆雷 . 设计艺术学原理 [M] . 济南：山东教育出版社，2002.

[3] 席跃良 . 艺术设计概论 [M] . 北京：清华大学出版社，2010.

[4] 章利国 . 现代设计社会学 [M] . 长沙：湖南科学技术出版社，2005.

[5] 赵湟，徐京安 . 唯美主义 [M] . 北京：中国人民大学出版社，1998.

[6] 李琦 . 设计概论 [M] . 北京：电子工业出版社，2011.

[7] 李砚祖 . 艺术设计概论 [M] . 武汉：湖北美术出版社，2009.

[8] 李建盛 . 艺术科学真理 [M] . 北京：北京大学出版社，2009.

[9] 钱凤根 . 新艺术设计 [M] . 石家庄：河北美术出版社，1996.

[10] 张黔 . 设计艺术美学 [M] . 北京：清华大学出版社，2007.

[11] 雷德侯 . 万物 [M] . 张总，等译 . 北京：生活・读书・新知三联书店，2005.

[12] 瓦西里・康定斯基 . 康定斯基论点线面 [M] . 罗世平，辛丽，译 . 北京：中国人民大学出版社，2003.

第3章 中国设计源流

据考古资料，我们祖先在这块土地上生存了300多万年。在这漫长的岁月里，人们不仅学会了挑选现成的石块、木棍等作为工具，还学会了按照自己的需要去打造不同的工具和器具。作为人类为满足生存需求的造物设计活动，几乎与人类制造原始工具的行为同时产生。由于人类对自然界的认识非常有限，巫术和祭祀成了人和自然交流的重要媒介，同时它们也是人类艺术的起源。27000年前，北京山顶洞人就已经使用兽牙、小砾石、鱼骨在装饰自身了（图3-0-1），有些还有钻孔，用赤铁矿粉染成红色。这些除了有审美需求外，更重要的是巫术含义。

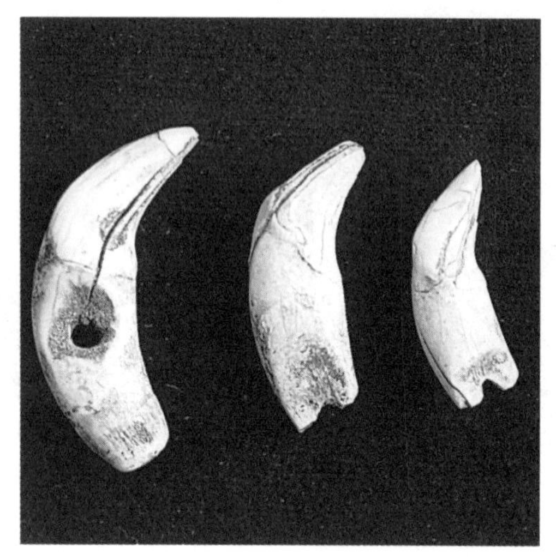
图3-0-1 山顶洞人的装饰品

从公元前475年左右的战国到晚清1840年鸦片战争止，中国封建社会连续了2300余年。秦始皇嬴政统一了中国文字、度量衡和货币。经汉高祖以后的“文景之治”，沟通西域，前后400余年是历史上极其辉煌的两汉。唐朝的“贞观之治”、“开元盛世”使之成为当时世界上第一等封建大帝国。两宋都市兴盛、贸易频繁、“三大发明”闻名于世。元代的棉纺织业改变了服饰传统。明清两代从洪武到宣统5个世纪，是手工艺史上继唐宋之后的又一高峰。漫漫长河中，中国的设计文化在建筑、园林、家具、纺织品、服饰、陶瓷、金属工艺、玉石雕刻、漆器工艺等设计领域都取得了光彩的成就，凝聚着万千年代人类的造物思想，至今仍可带来许多启发。

3.1 中国古代原始设计

最早制作石刀、石斧、弓和箭等劳动工具的原始人是人类的第一批“设计师”。当先民用一块石头敲打另一块石头、形成一件有用的工具时，设计就在这瞬间产生了。

图3-1-1 原始社会的石刀、石斧

原始人类为了采摘野果而选择树枝，为了打击野兽而选择木棒，为了劈开坚果而选择石片，为了投掷而选择了石块……他们的选择是对树枝、石块等的形状、重量、硬度方面有了充分的认识和比较之后才进行的。在这种“比较”和“选择”中，人类的自我意识产生了，从此开始按照头脑中形成的“观念”，有目的地选择、改造和利用自然形态的物体进行创造。人类最初的石器是打制而成的，通过加工制作，人们取得了对工具的最初感知：轴向对称的矛头可以更平稳地投出，均衡的工具用起来更省力。按照功能的需要，石器逐渐分化为凿、锛、斧、镞等（图3-1-1）。

3.2 中国古代陶器设计

中国古老的传说中有“陶河滨，作什器于寿丘。”指出陶器的设计制造最初由舜开始。而恩格斯则说：“陶器是由在编制的或木制的容器上涂上黏土使之耐火而产生的。”火不仅使人类摆脱了茹毛饮血的生活，也改变了泥土的化学性质，使疏松的泥土变为坚硬的陶器，代表了人类一个划时代的创举，标志着人类设计由原始阶段进入了手工设计阶段。

中国古代瓷器设计以其绚丽多彩的纹饰、精巧多姿的造型在世界古代设计史上占据了重要的地位。6000 年前，我们的祖先已经创造了精美的彩陶，而欧洲直到 18 世纪才产出真正的瓷器，而且是直接向中国学习的结果。

所谓原始“彩陶”，是指一种绘有红色、黑色装饰花纹的红褐色或棕黄色的陶器。这个时期的文化称为“彩陶文化”。在新石器时代，华夏大地上产生了许多有代表性的“文化”，如黄河流域的仰韶文化，长江流域的屈家岭文化，东南沿海的青莲岗文化、河姆渡文化，中原的大汶口文化以及新石器时代晚期的甘肃齐家文化、山东龙山文化、浙江良渚文化等。

3.2.1 半坡型彩陶

半坡彩陶以陕西西安半坡的彩陶为代表，纹饰单纯，几何形图案常用波浪线、直线、折线等几种基本线条组成，具有淳朴和稚拙的情趣。半坡彩陶的纹饰多用黑色绘成，多用鱼形花纹，起先是写实的手法，逐渐演变为人面与鱼形合体的“人面鱼身”纹，具有“寓人于鱼”的特殊意义，是最具有代表性的装饰纹样（图 3-2-1）。半坡型鱼纹又可分为单体鱼纹和复体鱼纹。所谓复体鱼纹，是由两条或两条以上的鱼纹几何化、抽象化、形成横式的直边三角形组成的装饰图案。

图 3-2-1 半坡型人面鱼纹彩陶盘

3.2.2 庙底沟型彩陶

庙底沟彩陶以河南三门峡庙底沟遗址出土的彩陶为代表。其装饰多由直线、曲线结合成曲边三角形，也有带状纹、平行条纹、垂弧纹、回旋勾连纹、圆点纹、网格纹、羽状叶纹等。鸟纹在庙底沟型的应用中更多，纹饰的黑白双关是它的特色。庙底沟彩陶主要绘几何图案，纹饰的组合富有弧线的美，在器皿膨胀的腹部上，显得既整体丰满，又流畅自然。另外，花纹一般都画在器皿外部，除少数用红彩外，其他多为黑彩，有时罩有红白陶衣，色彩效果更好（图 3-2-2）。

图 3-2-2 庙底沟型人头型彩陶与黑白纹饰陶

3.2.3 马家窑型彩陶

马家窑彩陶以甘肃临洮县马家窑出土彩陶为代表，后称马家窑文化。点的运用是这个时期装饰的特点。在点的外面装饰螺旋纹，给人以旋动、流畅、多变化的感觉，显得更为精致美观。1973年初，在青海大通县孙家寨出土一件舞蹈纹盆（图3-2-3），其内壁上部绘舞蹈纹样，5人一组手拉手面向一致，人头侧各有一条斜线，应为发辫，其展示的原始舞蹈尽管非常简略，但动作明朗质朴，这种舞蹈或许仅是劳动之余的游戏歌舞，但更多应该属于原始巫术活动。

图3-2-3 马家窑舞蹈纹盆

3.2.4 马厂型彩陶

马厂型彩陶的装饰纹样，开始从繁逐渐演变为简。常见的有折线纹、回纹，而以人形纹（蛙纹）最有特色（图3-2-4）。有人认为这是作播种状的“人格化的神灵”，人形纹是马厂型彩陶的突出特点。

图3-2-4 马厂型彩陶的人形纹

3.2.5 龙山文化彩陶

原始“彩陶”还有典型的龙山文化，它是以山东为中心，其最突出而有代表性的是薄而光的蛋壳黑陶，器壁仅0.1~0.2厘米厚，被考古界称为“蛋壳陶”，显示了原始社会陶器制作技术的最高水平（图3-2-5）。另一突出代表是炊煮器，四足扩大了用火加温时受热的面积。器颈部高拔，口前部有冲天鸟状，昂首挺胸，形态别致，体现了匠师实用与美观有机结合的造型设计思想。

图3-2-5 龙山文化的“蛋壳陶”

3.2.6 大汶口文化彩陶

距今约5000多年的大汶口文化红陶器皿中，有一个红陶兽形器，它长21.6厘米，高22厘米，宽14厘米，形似站立的狗昂首狂吠，既有圆腹保证容量又有粗颈可使水流通畅，同时四足使站立稳当，是一件较为典型的观赏与实用结合的早期作品（图3-2-6）。

图3-2-6 大汶口文化的红陶兽形器

3.2.7 原始陶器的设计特征

原始彩陶的装饰基本上是以几何纹的形式出现的，其产生原因有3个：其一，人们受到陶器表面遗留的编织物纹理的启发而有意识地运用在陶器装饰中；其二，几何纹和劳动节奏感有内在的联系，形成表号化；其三，图案从山、水、鱼、鸟等事物进行抽象化，特别是和生活有直接联系并具有深刻影响的事物，从写实到概括，从而构成各种几何纹。

原始彩陶图案设计中的形式法则有以下4种：

（1）对比法。采用虚实、曲直、大小、黑白、横竖、长短、动静等，产生丰富多彩的装饰变化。

（2）分割法。以达到装饰上的节奏和韵律的美为目的。

（3）多效装饰法。为了设计出适用的设计意象和多面结合的艺术构思。

（4）双关法。是彩陶工艺的一种卓越的装饰手法，双关可分形体双关和色彩双关两种。

3.3 中国古代青铜器设计

中国古代青铜器主要指先秦时期用铜锡合金制作的器物，青铜器在世界各地均有出现，是一种世界性文明的象征。从目前的考古资料来看，最早的青铜器出现于距今约5000~6000年间的西亚两河流域，苏美尔文明时期的狮子形象大型铜刀是早期青铜器的代表。虽然中国铜器的出现不是最早，但就铸造工艺、使用规模、造型艺术及品种而言，是世界青铜器中的杰出代表。

中国青铜器流行于新石器时代晚期至秦汉时代，其中商周器物最为精美。最初出现的是小型工具或饰物。夏代开始有青铜容器和兵器。到了商中期，青铜器品种已很丰富，并有了铭文和精细的花纹。商晚期至西周早期是青铜器的鼎盛时期，器型多种多样，浑厚凝重，花纹繁缛富丽，铭文逐渐加长。随后，青铜器胎体开始变薄，纹饰逐渐简化。春秋晚期至战国初期，由于铁器的推广使用，铜制工具越来越少。到了秦汉时期，随着瓷器和漆器进入日常生活，铜制容器品种减少，并且装饰简单，多为素面，胎体也更为轻薄。

3.3.1 中国古代青铜器的功能类别

中国青铜器不但数量多，而且造型丰富、品种繁多。有炊器、食器、酒器、水器、乐器、车马饰、铜镜、带钩、兵器、工具和度量衡器等。而每一器种在每个时代都呈现不同的风采，同一时代的同一器种的式样也多姿多彩，而不同地区的青铜器也有所差异，犹如百花齐放，五彩缤纷，下面对一些主要的作介绍。

1. 食器

青铜食器主要有以下几种（图 3-3-1）。

鼎：相当于现在的锅，大多两耳、圆腹、三足或四足。

鬲（lì）：煮饭用，一般为广口、三空足。

甗（yǎn）：上部为甑，置食物；下部为鬲，置水。中间隔做箅，有通气孔。

簋（guǐ）：铜器铭文作“毁”，相当于大碗，盛饭用。一般为侈口、圆腹、圈足、有二耳。

敦（duì）：盛稻、黍、稷、粱用。三短足、圆腹、有盖、二环耳。也有球形的敦。

豆：盛肉酱一类食物用的。上有盘，下有长握、圈足，多有盖。

鼎　鬲　甗

簋　敦　豆

图 3-3-1 青铜食器

2. 酒器

青铜酒器主要有以下几种（图 3-3-2）。

爵：饮酒器。圆腹前有倾酒用的流，后有尾，旁有鋬（把手），口有两柱，下有三尖足。

角：饮酒器。形似爵，前后都有尾，无两柱，有的有盖。

觚（gū）：饮酒器。侈口、长身、口和底均呈喇叭状圈足，下腹有一段凸起。

兕觥（sìgōng）：盛酒或饮酒器。椭圆形腹或方形腹，圈足或四足，有流和鋬。

尊：盛酒器。形似觚，口径较小，中部较粗，也有方形的。

卣（yǒu）：盛酒器，深腹、椭圆口、圈足，有盖和提梁，腹或圆或椭或方。

爵　角　觚

兕觥　尊　卣

图 3-3-2　青铜酒器

3. 水器

青铜水器主要有以下几种（图 3-3-3）。

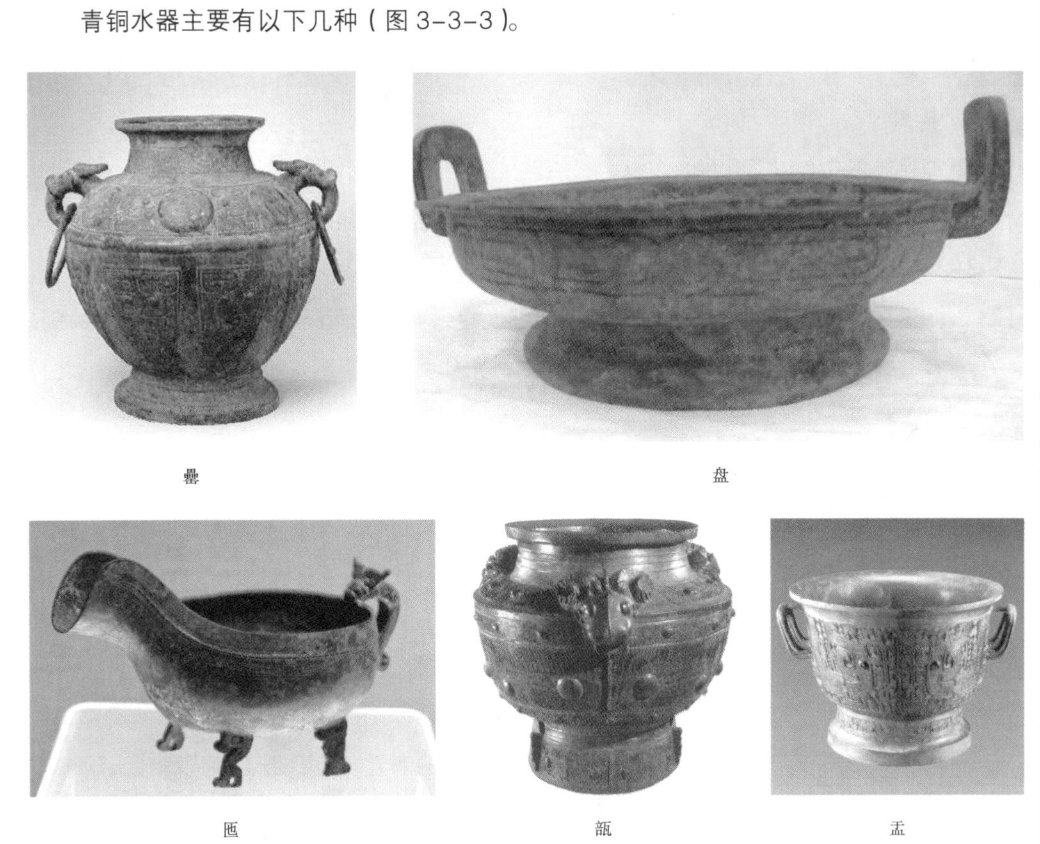

罍　盘

匜　瓿　盂

图 3-3-3　青铜水器

罍（léi）：盛酒或盛水器。有方形和圆形，有盖、两耳；圆形大腹、两耳、圈足。

盘：盛水或承接水。多是圆形、浅腹、圈足或三足，有的还有流。

匜（yí）：盥洗时浇水的用具。形椭圆、前有流后有鋬、三足或四足，有的带盖。

瓿（bù）：圆体，敛口，广肩，大腹，圈足，带盖，器身常装饰饕餮、乳钉、云雷等纹饰。

盂：盛水或盛饭的器皿。侈口、深腹、圈足，有附耳。

4. 乐器

青铜乐器主要有以下几种（图 3-3-4）。

编铙：商朝时军队盛行乐器，是退军时用以停止击鼓的。

编钟：宫廷打击乐器。面较大而薄，多为弧形，根部凹进，边部稍作翘起。

编镈：宫廷打击乐器。体趋向浑圆，形制与编钟相似，但口部平齐。

编铙

编钟

编镈

图 3-3-4 青铜乐器

5. 兵器

青铜兵器主要有以下几种。

钺：本是王公贵族用的兵器，也是象征权力的刑器和礼器。形状像板斧、斧头而较大（图 3-3-5）。

剑：青铜剑是短兵的代表。中国青铜剑可上溯到商，到西周早期时出现柳叶形的剑，而东周战争频繁，剑得到充分发展，直到春秋、秦、汉，均以之装备部队。

图 3-3-5 钺

刀：装有长柄的砍斫武器，商代始现，在西北地区比较流行。

戈：从收割作物用的刀发展而来，是商周时期最常见的一种兵器，也最具特色。

矛：一种用于直刺和扎挑的长柄格斗兵器，是古代军队中装备量最大和使用时间最长的冷兵器之一。商朝的矛呈阔叶形，战国时的矛为窄叶铜矛。

戟：一种既可刺又可勾杀的双重性能兵器。西周时代出现了矛戈混铸成一体的十字形戟，战国流行“卜”字形戟，到了秦汉，戟变成了“片”字形。

3.3.2 中国古代各时期青铜器特征

1. 商代早期

商代早期（公元前16世纪—前15世纪中叶）青铜器有独特造型。鼎、鬲等食器的三足必有一足与一耳成垂直线，在视觉上有不平衡感。鼎、斝（jiǎ）等柱状足成锥状，和器腹相通（由于还没掌握对范芯的浇铸全封闭技巧）。方鼎巨大，容器部分作正方深斗形，与殷墟时期长方槽形的方鼎完全不一样。爵的形状一律为扁体平底，流甚狭而长，为继承二里头文化式样。罍皆狭唇高颈有肩，形体偏高。

商代早期青铜器纹饰主体是兽面纹，纹饰多平雕，个别主纹出现了浮雕，全是变形纹样，由粗犷回旋的线条构成，除兽目圆大外，其余条纹并不具体表现物象的各个部位。商代早期的几何纹极其简单，有粗犷的雷纹，也有连珠纹、乳钉纹。商代早期的青铜器，极少有铭文。

2. 商代中期

商代中期（公元前15世纪中叶—前13世纪）接近早期的器形有爵、觚、斝等。爵尾虽然与早期相似，但流已放宽，出现了前所未见的圆体爵。斝在空椎状足之外出现了丁字形足。早期出现的宽肩大口尊在此时有较大的发展，像阜南的龙虎尊和兽面纹尊这样厚重雄伟的造型，在商代早期从未出现。早期体型较高的罍，发展成体型比例较低而肩部宽阔，故宫博物院所藏的巨型兽面纹罍是其典型。

纹饰分为两类：一类是二里岗期变形动物纹的改进，原来粗犷的线条变得较细而密集；另一类是用繁密的雷纹和排列整齐的羽状纹构成的兽面纹。这类兽面纹双目往往突出，已采用较多的高浮雕附饰，但线条轮廓有浑圆感，与晚期浮雕轮廓线峻直锐利的风格不同。

此时的青铜器一般仍保持着不铸铭文的习惯，但个别器上发现有作器者本人的族氏徽记。

3. 商代晚期

商代晚期（公元前13世纪—前11世纪）接近200年左右，可区别为前后两个阶段。

（1）商代晚期前段。本期新出现的器类有方彝、觯、觥等。纹饰方面，动物形象比较具体，甚至有的有写实感，主体花纹多用浮雕手法，风格有峻锐、浑圆两种。铭文多为一二字，为器物所有者的族徽。器形方面，鼎的变化较大，出现了分档鼎，柱足粗而偏短。簋仍为无耳，腹变浅，最大腹径上移。而觚的造型向细长发展，喇叭口扩展。扁体爵大减，圆体爵盛行。

（2）商代晚期后段。器类方面多沿用商代晚期前端的器类。无肩尊和扁体卣（yǒu）是新出的典型器，开始出现了马衔等车马器。这一期的艺术装饰水平达到高峰，以动物和神怪为主体的兽面纹空前发展，花纹总体风格森严庄重。这一期出现了记事形式、铸工精细的较长铭文，有三四十字。铭文内容有族徽、祭祀祖先、赏赐、征伐等。器形方面，鼎除柱足外，还出现了蹄形足。簋最大变化是双耳簋急剧流行觚基本似前段，仍为细长身喇叭口。

4. 西周时期

由于西周（公元前1029—前771年）的青铜器制作方法同夏、商时期不一样，从器形之间看有很大的变化。但都是陶范制作，且一器一范，所以，在西周也没有完全相同的青铜器造型，包括纹饰和刻痕。西周出现铜铁合铸件，近年的考古发现证明，在商代晚期和西周早、中期，这类铜铁合铸器所使用的铁都是陨铁。1990 年，在河南三门峡西周晚期虢国贵族墓地出土了一把玉茎铜芯柄铁剑，为铜铁合铸的典型器物，由此我们可以推断，中国历史上铜和陨铁合铸时代是从商代晚期到西周晚期。而人工冶铁与铜铁合铸成器的时代最迟在西周晚期技术上已经成熟。

3.3.3 中国古代青铜器的典型代表

1. 鸮尊

鸮，俗称猫头鹰，是古代人们最喜爱和崇拜的神鸟，商代的石器、陶器、玉器、青铜器都有精美的鸮形。1976 年河南安阳殷墟妇好墓出土一对鸮尊，铸于商代后期，原物现存于中国国家博物馆。此鸮尊通高 45.9 厘米，通体饰以纹饰，富丽精细。鸮喙、胸部纹饰为蝉纹，鸮颈两侧为夔纹，翅两边各饰以蛇纹，尾上部有一展翅欲飞的鸮鸟，整个尊是平面的立体的完美结合，尊口内侧有铭文“妇好”二字（图 3-3-6）。

“妇好”应是商王武丁之妻。据殷墟甲骨文记载，妇好是一位能干、有魄力的女子。生前曾参与国家大事，主持祭祀，还带兵征伐过羌、土方等国家，颇具传奇色彩。

2. 毛公鼎

西周晚期青铜器，道光末年出土于陕西省宝鸡市岐山县。由作器人毛公（厂音）得名。直耳、半球腹、矮短的兽蹄形足，口沿饰环带状的重环纹。鼎上铭文 32 行 499 字，乃现存最长的铭文（图 3-3-7）。内容共五段：一、此时局势不宁；二、宣王命毛公治理邦家内外；三、给毛公予宣示王命之专权，着重申明未经毛公同意之命令，毛公可预示臣工不予奉行；四、告诫勉励之词；五、赏赐与赞扬。毛公鼎的铭文是研究西周晚年政治史的重要史料。

3. 龙虎尊

商代体形较高大的盛酒器，于 1957 年出土于安徽阜南县，高 50.5 厘米，口径 44.9 厘米，重约 20 千克，具有喇叭形口沿，宽折肩、深腹、圈足，肩部饰以 3 条蜿蜒向前的龙，龙头突出肩外，腹部纹饰为一个虎头两个虎身，一人头衔于虎口之中。虎身下方以扉棱为界，饰两夔龙相对。圈足上部有弦纹，并开有十字形镂孔。龙虎尊纹饰的“虎口衔人”在当时必定和某种神话和宗教信仰相联系，或者是奴隶，或者是巫师。此尊是商代青铜器中与四羊方尊齐名的珍品（图 3-3-8）。

图 3-3-6 “妇好”鸮尊

图 3-3-7 毛公鼎及其部分铭文

图 3-3-8 龙虎尊

4. 司母戊鼎

司母戊鼎是中国商代后期王室祭祀用的青铜方鼎，1939 年 3 月 19 日在河南省安阳武官村农地下出土，因其腹部有“司母戊”三字而得名，又称司母戊大方鼎（图 3-3-9），现藏中国国家博物馆。司母戊鼎器型高大厚重，高 133 厘米、口长 110 厘米、口宽 79 厘米、重 875 千克，鼎腹长方形，上竖两只直耳（发现时仅剩一耳，另一耳是后来据另一耳复制补上），下有 4 根圆柱形鼎足，是中国目前已发现的最重的青铜器。该鼎是商王文丁为祭祀其母戊所作。

5. 四羊方尊

四羊方尊是商朝晚期偏早青铜器，祭祀用品。是中国现存商代青铜器中最大的方尊，高 58.3 厘米，重近 34.5 千克。四羊方尊器身方形、方口、长颈、大沿，颈部高耸、饰口沿外侈，每边边长为 52.4 厘米，四边上装饰有三角夔纹、蕉叶纹、兽面纹。尊四角各塑一卷角羊头羊身与羊腿附着于尊腹部及圈足上，圈足上是夔纹。方尊肩饰高浮雕蛇身而有爪的龙纹，尊四面正中即两羊比邻处，各一双角龙首探出器表，从方尊每边右肩蜿蜒于前居的中间（图 3-3-10）。

据考古学者分析，四羊方尊用两次分铸技术铸造在商代的青铜方尊中，此尊造型简洁、优美雄奇，寓动于静，形体端庄典雅，无与伦比，被称为“臻于极致的青铜典范”。

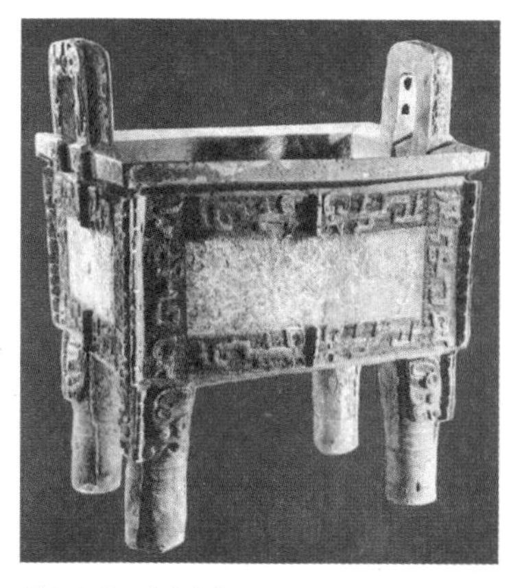

图 3-3-9　司母戊鼎

图 3-3-10　四羊方尊

3.3.4　中国古代青铜器的纹式特征

从纹饰上看，青铜上的纹饰按照为礼器服务的思想在发展，西周中后期主要流行重环纹、垂鳞纹、波曲纹、窃曲纹、凤鸟纹、瓦纹等。商代和西周时期虽然在纹饰的种类上不同，但这些纹饰的本质和功能没有变，仍然是为了增强青铜器的神秘性（图 3-3-11），加强了其礼器的地位。

兽面纹

重环纹

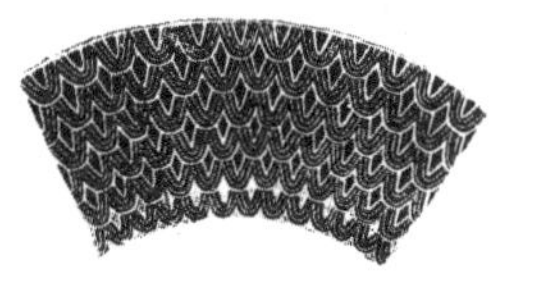

垂鳞纹

波曲纹

窃曲纹

图 3-3-11　西周时期青铜器常见纹饰

商代和西周早期的兽面纹及其变形的纹饰在西周时期逐渐被淘汰，商代的夔龙和鸟纹在西周时期也基本上弃置不用，因为随着生产力提高，人们对其不再崇拜。但西周时期的兽面纹开始以抽象的形式出现，抽象是超现实的，能得到人们的崇拜。

西周时期许多青铜器上出现了几种纹饰并存的现象。有的上面饰窃曲纹、腹部为凤鸟纹或龙纹、中间为三角纹和窃曲纹、圈足是窃曲纹。在手法上也采用纵横、虚实、疏密等排比方法。不过，这些纹饰非常讲究主次，主体纹饰一般都占据着显著的位置，且面积很大。

3.3.5 中国古代青铜器的总体特点

我国古代青铜器具有以下几个特点：

（1）数量大，种类繁多，质量上乘。从汉代到今天，出土的青铜器有好几万件。众多的青铜器皿造型生动、寓意深奥，其神秘性一直是鉴定家及藏家们感兴趣的问题。

（2）分布地区广。中国青铜器出土较为集中的地区是中原，但在东北、西北、巴蜀、岭南甚至西藏及东海渔岛上都有发现。

（3）器物饰有铭文，这是中国青铜器最大的特点。世界各地古青铜器只有印度的少量青铜器有很短的铭文。中国古铜器有铭文者仅出土的就超出一万件，且有不少是鸿篇巨制，这些铭文字体，或苍劲有力，或粗犷放达，具有很高的美学价值。

（4）以容器为主的中国青铜器也在世界青铜文化中独树一帜。从印度河流域到巴尔干半岛，从米诺斯文明到迈锡尼文明，其青铜器大多为武器，如戈、矛、刀、剑等，而中国却以铸造难度大、纹饰复杂的容器为主。这也看出前者自古富于侵略性，而后者则安于保守性。

3.4 中国古代玉器设计

中国有着7000年的用玉历史，2500年的玉器研究历史，是“玉器之国”。在近万年前的旧石器时代晚期，人们在制作石制工具时发现了玉这种矿物比一般石头更坚硬，又有与众不同的色泽和光彩，于是慢慢就用来做装饰品。后来人们逐渐把它们从“石”中独立出来称为“玉”。

中国是世界上主要产玉国，蕴量丰富，开采历史悠久。中国最著名的产玉地是新疆和田，其色泽最艳、品质最优，古代的丝绸之路最早就是玉石之路。除和田玉（图3-4-1）

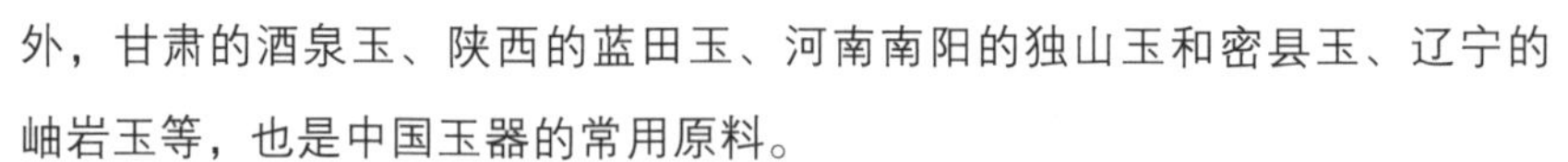

外，甘肃的酒泉玉、陕西的蓝田玉、河南南阳的独山玉和密县玉、辽宁的岫岩玉等，也是中国玉器的常用原料。

图3-4-1 古代和田玉器

在金属精工发明之前，玉的数量少而且加工困难，只有少数头面人物如族长、祭师才有资格佩带并使用。这使它渐渐演变成礼器、祭器或图腾，由原来仅仅是一种特别性质的石头转化为代表权力、地位、财富、神权的象征。秦始皇统一中国后，让李斯监制传国玉玺，就是用“和氏璧”雕刻的。中国古人佩玉，不是简单的装饰，而是人们的精神世界和自我修养的表现。商、周时代的人就把玉当做修身标准和个人品德的标志。时至今日，珠宝玉饰仍然视为幸运和社会地位的象征，并已逐步成为表现个人性格、装饰、品位、风度的重要组成部分。

3.4.1 中国古代玉器的功能类别

根据用途的不同，古玉器可分为玉工具、玉兵器、礼器玉、丧葬玉、佩饰玉、玉器皿和玉摆件等几大类。

（1）玉工具、玉兵器。随着青铜制造业的发展，到了商代，绝大多数玉兵器和玉工具已经没有了实用价值，而成为一种身份的标志和礼仪的象征（图3-4-2）。

（2）玉礼器。早在新石器时代，华夏祖先就已经大量使用玉礼器。

（3）丧葬玉器。也称葬玉，指的是古人专为保存尸体而制造的玉器，而不是泛指一切随葬玉器。

（4）佩饰玉器。体小精巧、轻便质佳、雕工精湛的珍品，是玉器收藏中的重点。

（5）玉器皿。最早见于商代，数量庞大，种类繁多，但因其制作难度大，直到明清时期才流行。

（6）玉摆件。又称观赏陈设性玉器，主要包括玉雕玉人、玉牌、玉屏风、玉山子、玉如意等。

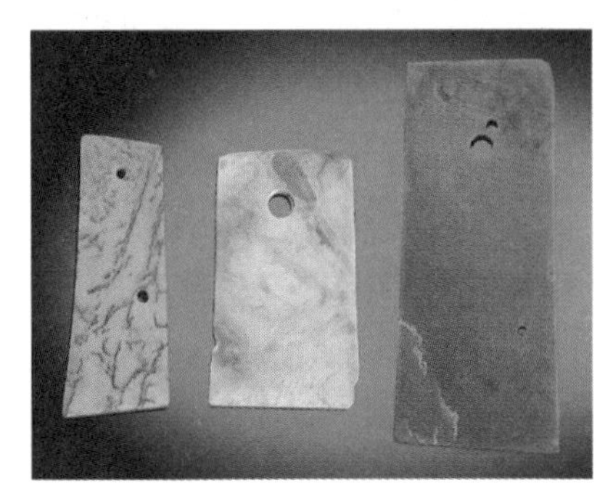

图3-4-2 玉工具与玉兵器

3.4.2 中国古代各时的玉器特点

史前古玉大多是玉工具如玉斧、玉刀，然后就出现玉礼器，如良渚文化的玉琮、三叉型器（图3-4-3、图3-4-4），也有部分象形的玉器如红山文化的玉龙、玉猪等，作为族群的图腾而制作。此时的玉器可以是玉，也可以仅仅是漂亮一点的石头。良渚玉器以体大自居，深沉严谨，对称均衡，其线刻技艺令后世望尘莫及，如数量众多、形式多样、高深莫测的玉琮和兽面羽人纹的刻画。

与良渚玉器相比，红山文化少见呆板的方形玉器，而以动物形玉器和圆形玉器为特色，其以精巧见长。典型器有玉龙、玉箍形器、玉兽形饰等。红山文化琢玉技艺最大的特点是能巧妙地运用玉材与物体特点，寥寥数刀就能刻画得十分传神。“神似”是红山玉最大的特色（图3-4-5、图3-4-6）。

图3-4-3 良渚文化的玉琮

图3-4-4 良渚文化的三叉型器

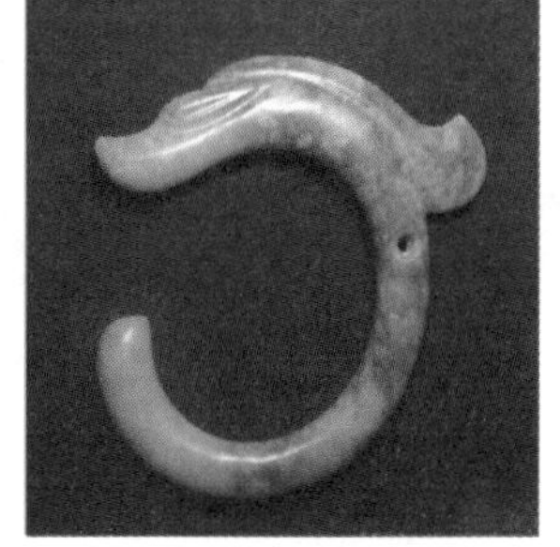

图3-4-5 红山文化的玉龙图

图3-4-6 红山文化的玉猪龙

商代早期玉器发现不多，琢制一般也较粗糙。商代晚期玉器以安阳殷墟妇好墓出土玉器为代表，共出玉器 755 件，按用途可分为礼器、仪仗、生活用具、工具、装饰品和杂器六大类。商代玉匠使用和田玉数量较多，出现了仿青铜彝器的碧玉簋、青玉簋等实用器皿。动物、人物玉器大大超过几何形玉器，玉龙、玉凤、玉鹦鹉，神态各异，形神毕肖（图 3-4-7）。

玉人

玉龙

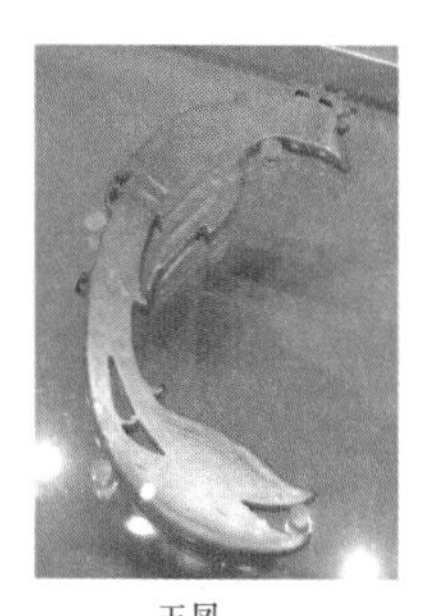

玉凤

玉佩

图 3-4-7　殷墟妇好墓出土的玉器

西周玉器没有商代玉器活泼多样，过于规矩，有点呆板。这与西周严格的宗法、礼俗制度有关。东周王室和各路诸侯，为了各自利益，都以玉饰以标榜自己是有“德”的仁人君子。士大夫从头到脚都有一系列的玉佩饰（图 3-4-8）。有代表性的是大量龙、凤、虎形玉佩，造型呈富有动态美的 S 形，具有浓厚的中国气派和民族特色。在饰纹方面出现了隐起的谷纹，附以镂空技法，背景用单阴线勾连纹或双勾阴线叶纹，显得和谐而又饱满。

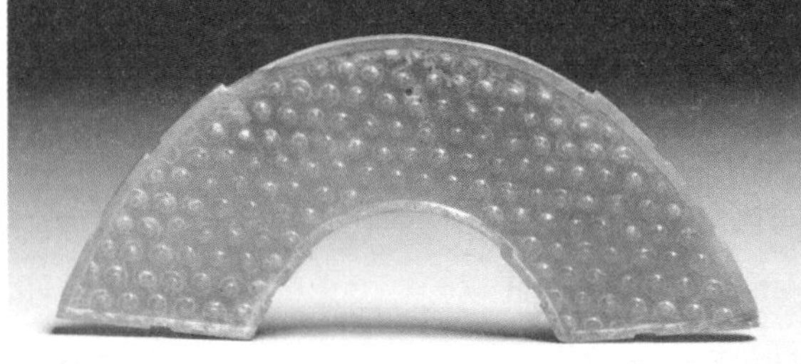

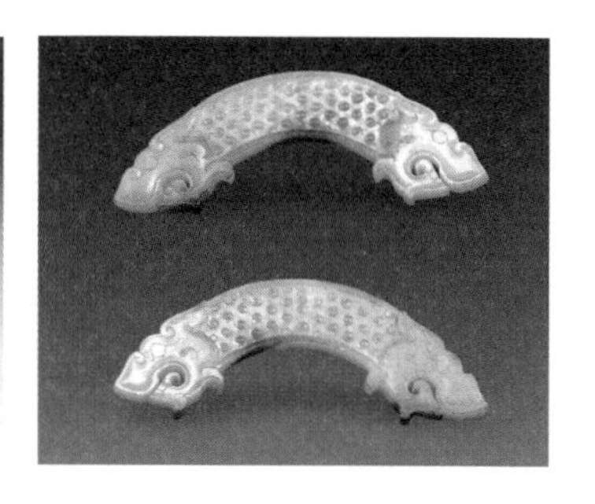

图 3-4-8　西周玉佩

春秋战国时期，政治上诸侯争霸，学术上百家争鸣，文化上百花齐放，玉雕艺术更加光辉灿烂，它可与当时地中海流域的希腊、罗马石雕艺术相媲美。其中人首蛇身玉饰、白玉龙凤佩（图 3-4-9），反映了春秋诸侯国的琢玉水平和用玉情形。湖北曾侯乙墓出土的多节玉佩（图 3-4-10）；河南辉县固围村出土的大玉璜佩，都用若干节玉片组成一完整玉佩。玉带钩和玉剑饰（玉具剑），是这时新出现的玉器。此时儒生们把礼学与玉结合起来，随之玉有五德、九德、十一德等学说应运而生。郭宝钧《古玉新诠》是当时礼学与玉器研究的高度理论概括，是中国玉雕艺术经久不衰的理论依据，是中国人 7000 年爱玉风尚的精神支柱。

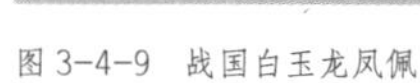

图 3-4-9　战国白玉龙凤佩

图 3-4-10　湖北曾侯乙墓出土的多节玉佩

3.4.3 中国古代玉器的纹饰类型

中国古代玉器上的纹饰主要有以下几种（图 3-4-11）：

（1）折线纹：阴刻直线，顶端折回，用作动物身上的装饰。

（2）重环纹：两条阴线琢出环纹，常饰于龙及其他动物之身。

（3）对角方格纹：以双阴线琢刻方格，相邻两格对角线相连，等距连续排列，饰龙及其他动物。

（4）双连弦纹：以单阴线琢刻出人字形连弧短线，饰于龙身及首角上。

（5）三角纹：以阴线琢刻出三角，多饰于龙身、玉璜及器物柄部。

（6）臣字纹：似古文“臣”字，饰于鸟兽之眼，动物装饰中常见。

（7）兽面纹：有龙、牛、羊等，也有未知的动物，多由阴刻线或挤压法琢出的直线及折线构成。

（8）螭纹：螭是传说中一种没有角的龙。螭纹流行于春秋战国，至宋代头部有变化，明清仍见有。

（9）龙纹：历代玉器的主要纹饰，最早见于红山文化。一般为蛇身，或素身或饰鳞纹，有足或无足。

（10）鸟纹：羽毛多为阴刻细长线，鸟尾有孔雀尾或卷草式，眼部表现有臣字形、三角眼及丹凤眼等。

（11）云纹：有单岐云，由云头、云尾两部分组成；有双岐云，云头部分分叉；有三岐云，云头部分分为三朵小卷云；还有灵芝云等。

（12）谷纹：为圆形凸起的小谷粒，有的呈螺旋状，是历代玉器的主要辅纹之一。

图 3-4-11 中国古代玉器常见纹饰

3.5 中国古代漆器设计

漆器工艺是一门古老的艺术，主要原料是从漆树上割取下来的生漆，其以一种精细、瑰丽、古朴、华贵的品位，大方、沉着、协调的特点和深沉的魅力，成为人类文明史上的奇迹。漆器品种有盒、壶、杯、豆、奁、羽觞等生活用具（图 3–5–1）；床、几、案等家具；甲胄、弓箭、盾等兵器；瑟、琴、鼓等乐器；木棺、托板等丧葬用具等。

3.5.1　战国时期的漆器设计

战国时期漆工艺开始发展起来，胎骨向轻巧的方向发展，已部分取代了粗笨的青铜器。除传统久远的木、竹胎外，还开始采用卷木和夹红等成型技术，轻便精巧。战国以红麻贴在泥或木胎上形成外胎，干后去掉内胎，再加以髹漆，美观豪华，是后世脱胎漆器的前身。江陵是春秋战国时期的楚都，曾出土杰出的佳作：彩绘漆座屏，高 15 厘米，长 51.8 厘米，屏身用镂空的手法，雕出凤、鹿、雀、蛇、蛙等动物 51 头（只），以黑、朱、绿、黄等色漆彩饰，形态十分生动。还有漆双凤鼓，以双凤首悬一圆鼓，用双凤作为鼓架，鼓座为两兽，造型优美，极富装饰性（图 3–5–2）。

3.5.2　秦汉时期的漆器设计

秦代漆器多用书写、针刻或烙印文字符号，汉代漆器设计继承了战国时期楚文化的传统，其制作方法有木胎、竹胎和夹红胎等，品种比战国时期更为丰富，造型上增加了大件物品，如漆鼎、漆壶、漆钫以及礼器，工艺更为精美。汉代漆器最有代表性的是长沙马王堆西汉墓出土于的 184 件漆器，品种有耳杯、漆盘、漆罐、漆盒、漆卮、漆奁、漆案、漆钫等。从髹饰技术看，花纹主要有几何纹、人物纹、动物纹、花草纹、云气纹，构图朴拙动人，纹饰细致流畅。汉代漆器在生产规模和艺术水平上都是继战国之后的又一个高峰（图 3–5–3）。

汉代漆器多子盒的设计从实用出发，在一个大的圆盒中，容纳多种不同形式的小盒，设计巧妙，节省空间，富于装饰性，体现了卓越的设计思想。多子盒往往有九子、十一子之多。

图 3–5–1　中国古代漆器

图 3–5–2　漆双凤鼓

图 3–5–3　汉代漆器

3.5.3　唐宋时期的漆器设计

唐代经济的繁荣，漆器发展到高峰，工艺品种比较齐备，有彩绘、夹红、镶嵌、螺钿、金银平脱、描金等，装饰趋于富丽华贵，反映了盛唐统治阶级的奢华。诸多木漆器皿如漆奁、漆杯等不仅造型美观，装饰生动，而且技艺高超，涌现出来许多新的创造和革新。如在前代基础上成熟起来的“金银平脱”和“螺钿镶嵌”技法（图 3–5–4、图 3–5–5），这种雕漆是在胎上涂数十层漆，达到一定的厚度后，再行雕刻，现代称为剔红。

宋代《清明上河图》中可见到漆店的描绘，不仅官府设有漆器生产的专门管理机构，民间制作漆器也很普遍。宋代的漆器可分为有雕漆、螺钿、金漆等，其中雕漆和金漆是宋元漆艺发展的最高成就，还有描金、彩绘、脱胎以及创新的戗金等技艺。两宋漆器，色彩大方、造型完美、工艺精良，呈现出我国漆工艺大发展的趋向。

图 3-5-4 唐代四鸾衔绶纹金银平脱镜

图 3-5-5 唐代螺钿铜镜

3.5.4 元明清时期的漆器设计

元代木漆工艺处于一个过渡转变阶段，技法上仍以剔红、剔犀和戗金为主。明代《髹饰录》是中国现存唯一的漆工艺专著，书中详细介绍了各种漆器的制作和装饰方法，主要有罩漆、描漆、堆漆、雕填、螺钿、百宝嵌等，成为中国最早的一本关于制漆技法的详细记录。

明清的漆器设计（图 3-5-6、图 3-5-7），著名的有北京的雕漆，福建的脱胎，扬州的螺钿，浙江的金漆等。但清代雕漆和明代雕漆已有显著的不同。在漆色上，明代朱砂含紫，较厚重深沉，清代呈色鲜艳，无光泽。在装饰上，明代多花鸟而少地纹，清代多楼阁风景人物，多锦纹。在刀工上，明代圆润，清代纤细。在磨工上，明代重磨工，轮廓光滑自然，清代少打磨，露刀痕。在胎骨上，明代以木胎为主，清代除木胎外，还有瓷胎、紫砂胎、皮胎等。

图 3-5-6 明代漆器

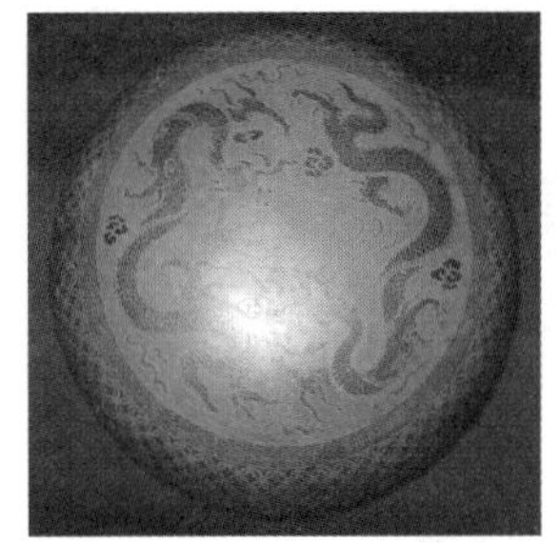

图 3-5-7 清代描金五脚龙纹漆器及瓶形漆器

3.6 中国古代瓷器设计

瓷器是制陶的过程中对原料选择和烧制工艺的探索发展而来的。两者具有较大区别，陶器用黏土，而瓷器用瓷土；陶器的窑温约为 800℃，而瓷器约为 1200℃；陶器质地松脆有微孔，瓷器质地致密坚实，敲击有金属声。

我国在商代就烧成了原始瓷，具有某些瓷器的特点。汉晋时期烧成了青瓷，具备了瓷器的基本特征。六朝制瓷已完全成熟。隋唐后瓷器的发展繁荣起来。

3.6.1 汉代的瓷器设计

汉代瓷器数量大，品种多，釉质除青釉外，还有灰白色釉。汉代瓷工艺的代表作品有河南信阳出土的“青瓷碗”、洛阳出土的“绿釉四耳罐”等。汉代釉陶中的低温铅釉（北方产品）和薄釉硬陶（南方产品）也都具有鲜明的时代特点和地区风格。

3.6.2 南北朝瓷器设计

南北朝的青瓷器设计温润柔和、典雅秀丽，器皿造型端庄挺秀又饱满浑厚。南方的青釉器物，以青瓷羊和鸡头壶造型最为精彩，一般胎骨较厚，质地细腻坚硬，釉层较薄，光泽透明，呈水清色。随佛教艺术的兴起，南北朝有一种仰覆莲花瓷尊具有较高艺术性，它新颖别致，尊体以腹为中心，全尊共七层，上下部塑饰三层莲花瓣，层层相接，尊底也塑成莲花瓣状，肩部有耳，颈部塑出花鸟云龙（图 3-6-1）。

3.6.3 唐代的瓷器设计

《陶录》称“陶至唐而盛，始有窑名”，反映了唐代陶瓷的兴盛。唐瓷可以分为青瓷、白瓷、花瓷和唐三彩几类。唐代著名的窑场有南方的越窑和北方的邢窑，享有“南青北白”之称，代表了唐代瓷业空前兴盛时期的最高成就。越窑以烧青瓷为主，追求玉器的效果，釉质匀润，胎骨较薄，釉色青翠莹润，除青瓷外，还有黑釉瓷、黄釉瓷的烧制工艺也趋成熟。邢窑白瓷的出现，是我国瓷器又一次突破，为以后的青花、五彩、粉彩等精细瓷器的出现奠定了基础。

图 3-6-1 仰覆莲花瓷尊

图 3-6-2 三彩骆驼载乐俑

唐三彩采用黄、绿、褐等多种色釉在器皿上构成花朵、斑点或几何纹饰，形成了唐三彩的斑驳淋漓的独特艺术风格。唐三彩塑造的人物有妇女、武士、文官、胡俑、天王等；动物有狮、骆驼、鸟、马等，是我国古代陶塑设计的精品。三彩陶俑中最有代表性的作品是 1957 年出土于陕西西安的“三彩骆驼载乐俑”，高 66.5 厘米，驼架上铺条纹长毡，上坐、立 5 人，其中 3 人为西域人形象，两人为中原汉人模样，但全部着中原汉装，显示了典型的中外文化交流的盛景（图 3-6-2）。

3.6.4 宋代的瓷器设计

宋代是陶瓷发展的鼎盛时期，工艺水平超越前代。宋代制瓷业突出表现在全国各地名窑众多，著名瓷窑有汝窑、官窑、龙泉窑、定窑、景德镇窑、磁州窑、建窑、吉州窑和钧窑等。汝窑、耀州窑、龙泉窑的瓷器浑厚；定窑、景德镇窑的瓷器清秀；官窑、哥窑的瓷器典雅；建窑的瓷器淳朴；钧窑的瓷器绚丽；磁州窑、吉州窑浓厚的瓷器富有民间色彩。均窑的“彩瓷”是造瓷史上的又一次突破，打破了青瓷、白瓷一统天下的格局。后人在两宋众多名窑中选取“定”、“汝”、“官”、“哥”、“钧”五大名窑给予肯定和赞誉（图 3-6-3）。

宋瓷一改唐瓷圆润丰满的造型，形象简洁而优美，从整体上看其装饰工艺主要有以下几种。

定窑瓷器

汝窑瓷器

官窑瓷器

哥窑瓷器

钧窑瓷器

图 3-6-3　宋代瓷器

印花：多为模压阳文，为有寓意吉祥的莲花、菊花、牡丹、石榴等图案，具有一定的厚度。

刻花：纹样多为牡丹、莲花等，线条洗练流畅，所用工具主要是竹木片或刀。

划花：瓷面上划出花纹，俗称“竹丝刷纹”，纹样多为鱼纹、水纹，线条整齐自然。

剔花：用工具剔去花纹之外的空间，然后用刀将花纹以外的空间剔去。

镂花：即镂雕，亦称镂空或透雕，将瓷胎镂成浮雕状或将花纹外的空间通透雕刻。

3.6.5　元代的瓷器设计

元代景德镇是全国制瓷中心，元代烧成的青花和釉里红、卵白釉及铜红釉等瓷器就是景德镇工艺的新成就。所谓釉里红就是釉下彩瓷，做法与青花一样，只不过花纹是红色的，用还原焰烧成。制作时先用铜红料在胎上绘画纹饰，再盖以透明釉，放置在 1200~1250℃高温中烧制。

在装饰上，元瓷纹饰十分丰富，有主纹和辅纹两类。其艺术风格受当时社会背景的影响，民窑中屡见松竹梅“岁寒三友”，象征清高、坚贞不屈。而官窑中则流行喇嘛教艺术的八宝、瓜果、莲花、龙、麒麟等纹饰。元瓷在造型上也创造了一些新的样式，如四系扁壶、方棱瓶、僧帽壶、菱花口折沿大盘等，造型向多棱角发展。

元代青花瓷器，被称为“白地蓝花瓷”，纹饰富丽、色白花青、幽雅美观，深受人们喜爱。元代青花瓷器有许多件传世实物，以龙纹瓶、梅瓶最具特色（图 3-6-4）。

图 3-6-4　元代“萧何月下追韩信”梅瓶

图 3-6-5 明代紫砂陶

3.6.6 明代的瓷器设计

明朝景德镇瓷器名满天下，还有以白瓷著称的福建德化产品。明瓷的成就突出表现在青花瓷、五彩和单色釉方面。明代制瓷技术的最大成就是高质量白釉的烧成，明永乐时期烧造成功的“甜白”器，釉色纯白如奶，晶莹明亮，它为颜色釉和彩瓷的发展创造了条件。

明代青花瓷以其色泽浓淡相间、胎釉洁润、层次丰富，色彩深入胎骨经久不变，极富中国水墨画情趣，且成为中国瓷器的主流，历经600年不衰。

江苏宜兴被称为“陶都”，自明代兴盛以来，以紫砂陶闻名于世。明代紫砂陶主要特点是造型典雅，色泽紫红，还具有理想的透水性和气孔（图 3-6-5）。明代中期以后，紫砂陶茶具以其色泽幽雅，质地淳厚，而以紫砂壶饮茶成为风尚。

3.6.7 清代的瓷器设计

清朝经过康熙、雍正和乾隆三代，中国陶瓷生产达到了历史的顶峰。景德镇仍为全国瓷业中心。创始于成化年间的斗彩，是釉下青花和釉上彩的结合体，争妍斗艳，故称“斗彩”。清朝先后产生了青花加彩、斗彩、珐琅彩、粉彩、墨彩等彩绘瓷器，并制造出大量“窑变”精品（图 3-6-6）。粉彩始于康熙，后人称“古月轩”，灿烂夺目。珐琅是用景德镇制的瓷胎，用精炼配制的进口珐琅彩料，在瓷胎上作画彩绘，由于烧成前后颜色完全一样，加上彩料厚实凸起，烧成后的瓷器画面具有立体感，工巧精细、造型古朴、色彩典雅，深受人们的喜爱。

图 3-6-6 清代粉彩

清代由于材料与技术的改进，能烧造更加复杂的器形而不走样，创造了不少细部处理极为精细的仿花果器物形态。清瓷在装饰设计上，追求精巧，并盛行吉祥图绘和故事人物，长篇文字的装饰也富有特色，同时还出现了采用西画技法和题材的瓷绘作品。

3.7　中国古代家具设计

中国古代家具史自成体系，是一部“木头构创的绚丽诗篇”。其历史悠久，具有强烈的民族风格。无论是笨拙神秘的商周家具、浪漫神奇的矮型家具（春秋战国秦汉时期）、或者婉雅秀逸的渐高家具（魏晋南北朝时期）、华丽润妍的高低家具（隋唐五代时期）、简洁隽秀的高型家具（宋元时期），还是古雅精美的明式家具、雍容华贵的清式家具，都以其富有美感的永恒魅力吸引着中外万千人士的钟爱和追求。

3.7.1　商周至战国的家具设计

中国古代家具历史悠久，商周的青铜器中有不少雕饰精美的俎、禁之类的家具。自商周至三国，跪坐是人们的主要起居方式，相应形成了矮型的家具风格。席与床榻是当时室内陈设的最主要家具。春秋战国时期家具为礼制象征的青铜、漆木领域融入更多的民间情趣。如工艺精巧的错金银青铜龙凤案（图 3-7-1），严整典雅的铜漆木、雕花木或彩绘漆木床、架、几、案、座屏、箱、柜、衣等，以不同的结体形式折射出世俗性与礼仪制约的交织设计思想。据《考工记》记载，几、席已成为室内规制的度量单位。按周制折合现行公制，几长近 60 厘米，席长近 180 厘米。

3.7.2　秦汉至五代的家具设计

秦汉至三国，是中国古代家具较大发展的时期，低矮的床榻成为室内起居的中心。直到汉朝，床、案、几、衣架等家具都还很低矮，屏风多置于床上。西晋、南北朝至隋唐五代，西方异质文化和佛门礼俗也由丝绸之路相继传入中国，家具由矮变高渐成趋势，显得豪放而富丽。

中国家具形式大变革时期是唐至五代，唐末五代的室内陈设家具以顾宏中所绘《韩熙载夜宴图》为例说明，图中有长桌、长凳、方桌、椭圆凳、靠背椅、扶手椅、圆几、大床（周围有屏风）等（图 3-7-2）。敦煌第 196 窟的唐代壁画中，也有椅子的形象，曲背、扶手、椅脚粗大，对人们的生活方式，产生着很大的影响。

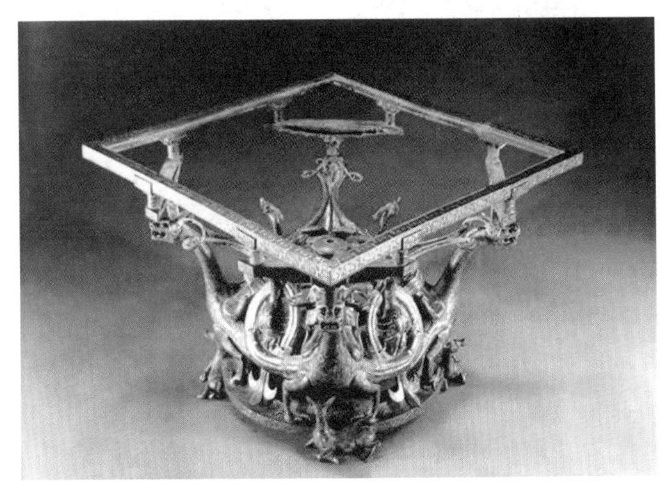

图 3-7-1　战国错金银青铜龙凤案

图 3-7-2 《韩熙载夜宴图》中的家具

3.7.3 宋、辽、金、元的家具设计

宋、辽、金至元代时期，垂足而坐的方式已经形成，改进榫接工艺的整合做法使框架结体的精微构造，尽显精致、朴秀之美。

两宋时，各类家具已普及民间。桌、椅、凳、折屏、床柜、大案等已相当普遍，并出现了很多新样式的家具。张择端《清明上河图》中绘有宋代家具约有200余件；赵佶《听琴图轴》中有茶几、石凳和香案（图3-7-3）;《春游晚归图》上绘有荷花挟手太师椅，利用荷花纹饰结合曲线制作的靠椅，极富特色，是深入研究宋代家具的珍贵形象资料。

图3-7-3 《听琴图轴》中的家具

元代的家具多沿袭宋代传统，但也有新的发展，从有关的文献和书籍中，可找到如罗锅椅、霸王椅及高束腰凳等新的家具，结构更趋合理。罗锅椅是来自民间俗语，形容弓背的罗锅形，充分体现出人体的尺度，有一种舒适之感。

3.7.4 明代的家具设计

公元14世纪后期，明朝励精图治，经济繁荣，官私手工业广泛发展，讲究陈设之风兴起。这种风气对当时的家具设计产生了深远的影响，形成了造型优美、选材考究、制作精细的突出特点，独树一帜，被后人称为“明式家具”。明式家具在工艺制作和造型艺术上的成就已达到当时世界上的最高水平，是东方艺术的一颗明珠，也是中国智慧的杰出代表。

图3-7-4 明式家具

明式家具可分以下几大类。

（1）几案类。有香几、书案、平头案、翘头案、琴桌、供桌、月牙桌、八仙桌等。

（2）橱柜类。有书橱、衣柜、百宝箱等。

（3）椅凳类。有圈椅、条凳、方凳、鼓墩等。

（4）床榻类。有架子床、木榻等。

（5）台架类。有灯台、镜台、花台、衣架。

（6）屏座类。有插屏、炉座、围屏、瓶座等。

明朝由于海禁的开放，大量国外优质硬木输入和国内南方良材北运，花梨、紫檀、红木及其他硬木大量使用，通称硬木家具。这些硬木纹理清晰、色泽柔和，坚硬而又富有弹性，充分体现木材的色泽和纹理。明式家具将材料选择、工艺制作、使用功能、审美习惯几方面结合起来，达到了科学性与艺术性的高度统一，形成了"简"、"厚"、"精"、"雅"的特点。明代家具多用榫，而少用钉或胶，一般不滥加装饰，其长、宽和高，整体与局部的协调比例都非常符合人体体形的尺度比例，显得造型稳定，简练质朴，线条雄劲而流畅。

明式家具存在着浓厚的封建士大夫的审美趣味，例如有的椅子座面和扶手都比较高宽，这和封建统治阶级要求的"正襟危坐"相对应，以示威严。

3.7.5 清代的家具设计

清式家具（图3-7-5）在继承明式家具的基础上形成，崇尚雕嵌，擅作综合装饰，在华贵中见沉雄厚重。其中漆木家具沿用前期的各种松漆做法，装饰更加绚丽多彩，成组配套的习俗流行。最常见的是弯折形腿，或足端作卷球、搭叶、兽爪、蜒蚰、如意头等形式。在匠师们因地制宜的施工中，形成了三大名作——"苏（州）作"（承明式特点，榫卯结构，不求装饰，重凿磨工）、"广（州）作"（讲究雕刻装饰，重雕工）、"京作"（结构镂雕，重错工）。

图3-7-5 清式家具

清代家具在结构和造型上已趋富丽华贵，体量显得更加庞大厚重，而在装饰设计上，宫廷家具追华贵气派的效果，滥用镶嵌、雕镂、彩绘、剔犀、堆漆等手法，以及玉石、象牙、陶瓷、螺钿等多种材料，往往只重技巧，忽略效果，流为烦琐臃肿之作。但在广大民间，家具仍以实用、经济为主。

3.8 中国古代服装设计

中国古代服装是指中国古代的各种冠帽、衣裳、鞋袜等服装。它们在世界上自成一系，其结构与款式随着生产与生活方式的发展而逐渐变化。通过对古代服装的研究，可以认识历代人物的风貌，也可在鉴定有关文物时作为断代的重要尺度。由于材料的不易保存性，我国古代服装存世不多，在研究中除依据实物外，古代雕塑、绘画中的人物形象，也是重要的参考资料。

3.8.1 石器时代的服饰设计

人类在旧石器时代晚期的已懂得缝衣，在山顶洞人的文化遗存中曾发掘出骨针。到了新石器时代晚期，不同地区和族别的人们使用的服饰已各不相同。以发型为例，大地湾文化中有剪短的披发，马家窑文化中有后垂的编发，大汶口文化中有用猪獠牙制成的发箍，龙山文化中则用骨笄束发，陕西龙山文化之神木石峁遗址出土的玉人头像，头顶有髻，就是用笄束发的反映（图 3-8-1）。因此可知束发为髻在远古时已是华夏族服饰的特征。

3.8.2 夏商西周的服饰设计

夏商与西周时的衣着无实物存世，据安阳侯家庄墓及妇好墓所出石、玉人像，可知商代贵族上身穿交领衣，腰束绅带，下身着裳。西周时遗留下来的资料很少。从洛阳出土的玉人及铜制人形车辖来看，衣、裳、带、市仍是贵族男装的基本组成部分。河南信阳战国墓所出之俑，均在腹前系玉佩，已成为代表身份地位的一种标志。西周的服饰除宽衣长带的特有风格以外，还吸收了北方鲜卑族以带钩束腰的服饰花色。

西周社会秩序也走向条理化，并有了规章制度。服饰形制也有了尊卑等级的存在，被纳入“礼治”范围，尊卑贵贱，各有分别。拜祭时着祭礼服，上朝大典时着朝会服，军事中有从戎服（图 3-8-2），婚嫁之仪用婚礼服，吊丧时又有丧服。

3.8.3 春秋战国的服饰设计

这时深衣和胡服开始推广。深衣是将过去上下不相连的衣裳连接在一起，它的下摆不开衩口，而是将衣襟接长，向后拥掩，即所谓“续衽钩边”（图 3-8-3）。深衣在战国时相当流行，周王室及赵、中山、秦、齐等国的遗物中，均曾发现穿深衣的人物形象。

胡服主要指中国北方草原民族盛行的服装。为骑马方便，他们多穿较窄的上衣、长裤和靴。据《史记·赵世家》，这种服饰制度是赵武灵王首先用来装备赵国军队的。此后，历代皆以此为戎服，或用其冠，或用其履，或用其衣服及带，或三者全用。

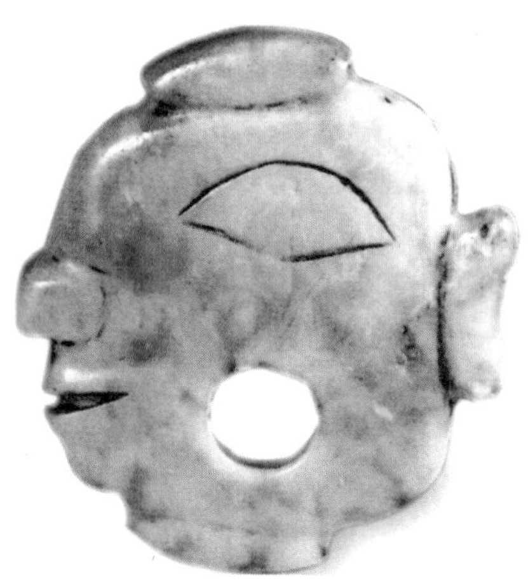

图 3-8-1 神木石峁遗址出土的玉人头像的发髻

图 3-8-2 西周军戎服饰

图 3-8-3 春秋战国时期的深衣

3.8.4 秦汉时期的服饰设计

秦汉时期由于国家统一，服装风格也趋于一致。秦始皇统一度量衡、刑律条令等，其中也包括衣冠服饰制度。由于秦始皇当政时间太短，服饰制度还不完备，只在颜色上作了统一。在秦朝，黑色为尊贵的颜色，衣饰以黑色为时尚（图 3-8-4）。从秦兵俑中可见，秦兵穿的半长衣仍为深衣之属，其下身着长裤，腰系施钩之革带。这种装束在西汉时仍广泛流行，裤也逐渐向全社会普及。

汉代妇女一般将头发向后梳成下垂的圆髻，常着深衣。汉时劳动女子总是上穿短襦，下穿长裙，膝上装饰长长垂下的腰带（图 3-8-5）。劳动男子常服是上身穿襦，下身穿犊鼻裤，并在衣外围罩布裙，这种装束不分工奴、农奴、商贾、士人都一样。

冠制的确立是在汉代实现的，主要是身份、官职以至官阶的表征，身份低微的人，只能戴帻而不能戴冠。皇帝戴的通天冠和诸侯王戴的远游冠也都是在进贤冠的基础上增加华饰而成。

图 3-8-4 秦代皇帝服饰

图 3-8-5 汉代女装

3.8.5 魏晋南北朝的服饰设计

魏晋服饰保留了汉代的基本形式，但风格有不同。这时的服饰以襦、裙为主，裘是非正式衣服。在质地上宫中与宫外仍有很大区别，宫中朝服用红色（图 3-8-6），常服用紫色，平民用白色。

南朝服式基本上继承魏晋，因国度更替频繁，在着装方面也有变化。当时流行戴小帽穿大衣的风气，有的款式大领大带，有的衣窄袖小，有的裙长曳地，有的衣长蔽脚。南朝服式以襦、裙为主，妇女尤以着裙为正统，不穿裙而露裤是没礼貌的。当时女子头包白纶巾，衣袖长而窄并加以缕雕花纹。南朝的朝服仍是玄衣，三品官以下的不得穿用杂色绮做的衣服，六品官以下者只能穿七彩绮，不可使用罗绡。

北朝时期着装衣料中绫锦最为华贵，官宦正式场合穿着朱色单衣，穿红色袍就佩带金带，穿小袖长身袍则用金玉带。平民妇女以襦袄为常服，这与南朝并无两样（图 3-8-7）。

图 3-8-6 晋武帝司马炎服饰

图 3-8-7 南北朝服饰

3.8.6 隋唐时期的服饰设计

南北朝胡、汉服装在相互影响的基础上产生的唐代服制，出现了“法服”与“常服”并行的局面。作为大礼服的法服仍是传统的冠、冕、衣、裳，常服则由鲜卑装改进而成。唐代男子上自皇帝下至厮役，在日常生活中都穿常服，包括圆领缺袍（开衩的长袍）、幞头、革带及长靴。另外，北周时的“品色衣”在唐代已成制度，成为此后中国官服的一大特色，以紫、绯、绿、青为一品至九品官员的等差区别。

唐代女装主要由裙、衫、帔组成（图 3-8-8）。这时常将衫掩于裙内，所以显得裙子很长。唐代前期女装中还流行卷檐虚帽、翻领外衣的胡服，腰带上有金饰。到了中晚唐时期，一般妇女服装，袖宽往往 4 尺以上。

唐装用料主要是丝织品，襦裙线条柔长，优美自如，以“软”和“飘柔”著称。唐装本身品类多，善变化，从外形到装饰均大胆吸收外来服饰特点，多以中亚、印度、伊朗、波斯、西域服饰为参考，使得唐代服饰丰富多彩、风格独特奇异多姿，成为中国历史服饰中的一朵奇葩，世人瞩目，对日本和服和朝鲜服有很大的影响。

图 3-8-8 《簪花仕女图》中的唐代服饰

3.8.7 宋代的服饰设计

宋代服装大体沿袭唐制。这时的幞头内衬木骨、外罩漆纱，可随意脱戴，与唐初必须临时系裹的软脚幞头大不相同。皇帝和高官戴展脚幞头，身份低的公差、仆役多戴无脚幞头。宫中的官服也与前代相仿，分为祭服、朝服、常服、戎服、丧服和时服（按季节赐发给官臣的衣物）。服式以用色区别等级，服用紫色和绯色（朱色）衣者，都要配挂金银装饰的鱼袋以别高低。

宋代妇女也穿裙和衫，这时的衫子多为对襟，盖在裙外，裙内着裤（图3-8-9）。除罗裙外，还有开裆裤与合裆裤。起于五代时的缠足，至北宋晚期已逐渐流行。官员与平民百姓的常服在形式上没有太大区别，只是在用色上有较为明显的规定和限制。此外宋代男式衣着，还有布衫和罗衫，内用的叫汗衫，有交领和颌领形式，其质料颜色都很考究。

3.8.8 元代的服饰设计

元代长期处于战乱状态，纺织业与手工业遭到很大破坏。宫中服制长期沿用宋式，直到1321年元英宗才参照古制，制定了天子和百官的“质孙服”制：上衣连下裳，上紧下短，并在腰间加襞积，肩背挂大珠，承袭汉族又兼有蒙古民族特点（图3-8-10）。“质孙服”服用面很广，上下级的区别体现在质地的不同上。每级所用原料和选色完全统一，整体效果十分出色。

图3-8-9 宋代女子服饰

图3-8-10 元代服饰

元代的“比肩”、“比甲”也是常服。“比肩”是一种有里有面的较马褂稍长的皮衣，“比甲”则是便于骑射的衣裳，无领无袖，前短后长，以襻相连的便服。

元代女服分贵族和平民两种。贵族多为蒙古人，以貂鼠和羊皮制衣较为广泛，式样多为宽大的袍式，袖口窄小，袖身宽肥，衣长曳地，肩部有一云肩，十分华美。元代平民妇女穿汉族的襦裙，半臂也颇为通行，唐代的窄袖衫和帽式也得以保存。此外，都城的贵族后妃们也有模仿高丽女装的习俗。

3.8.9 明代的服饰设计

明初要求衣冠恢复唐制，其法服的式样也与唐代相近，只是将进贤冠改为梁冠，并增加了忠靖冠等冠式。明代的公服（图3-8-11）亦用幞头和圆领袍，但这时的幞头外涂黑

图 3-8-11 明代服饰

漆，脚短而阔，名乌纱帽，无官职的平民不得使用。公服除依品级规定服色外，还在胸前和背部缀补子。文官补子中饰鸟，武官饰兽。为褒奖官员的功勋，另特赐蟒袍、斗牛服、飞鱼服等服饰。官至极品则用玉带，“蟒袍玉带”成为这时大官僚之最显赫的装束。

明代的汉服流传颇远，近至东北亚的朝鲜，远至日本、琉球等藩属国都能找到。汉服是中国汉族的传统服装，起于轩辕黄帝，而终止于清朝。

3.8.10 清代的服饰设计

清朝由于“剃发易服”、“留头不留发”政策以及大量的屠杀汉民，中国传统衣冠几近消亡，使中国传统服制继“胡服骑射”、“开放唐装”之后有了第三次明显的突变。

满族的服装，外轮廓呈长方形，马鞍形衣领掩颊护面，衣服上下不取腰身，衫不露外，马蹄袖盖手，镶滚工艺装饰，上加坎肩或马褂（图 8-8-12）。清初满族妇女与男人的装扮相差不多，只是增加穿耳梳髻，未嫁女垂辫。满族妇女不缠足、不穿裙，皆穿旗袍（图 3-8-13），衣外坎肩与衫齐平，长衫之内有小衣。乾隆以后，满族女装中出现高底的“花盆底”鞋。咸丰以后，又出现高大的“两把头”与“大拉翅”等发型，成为满族女装的突出特征。

马褂、旗袍是清代满族男女的典型服饰。马褂是一种穿于袍服外的短衣，衣长至脐，袖仅遮肘，主要是为了便于骑马，故称为“马褂”。康熙雍正年间成为男式便衣，士庶都可穿着。

旗袍因“旗人”而得名。清初，满族妇女以长袍为主，而汉人妇女仍上衣下裳。到了清代后期，满族效仿汉族的风气渐盛，经汉人吸收西洋服装式后改进的旗袍逐渐流行，几乎成为中国妇女的标准服装。旗袍的样式很多，襟有如意襟、斜襟、双襟；领有高领、低领、无领；袖口有长袖、短袖、无袖；还有长旗袍、短旗袍、夹旗袍、单旗袍等。

图 3-8-12 清代马褂

图 3-8-13 清代旗袍

3.9 中国古代建筑设计

中国古代建筑是中国传统文化的重要组成部分，与国画、中医、民乐等相似，有中国自己独特的传统，从都城的规划建设，到建筑的设计施工，乃至于装修装饰，都有自己的理论与方法，是延续数千年的独特体系，在世界上独树一帜，是珍贵的历史文化遗产。

与西欧历史上建筑剧烈变化不同，中国建筑自其萌芽至今，具有很大的稳定性，是世界上延续时间最长的建筑体系。一方面是因为中国封建社会特别长，社会发展缓慢；另一方面是因为中国地理环境比较封闭，少受外来的大影响。更因为中国的文化一般地高于周边国家或民族的文化，难受外来因素影响。

3.9.1 中国古代各时期的建筑特点

1. 古至商周的建筑设计

我国《韩非子·五蠹》中记载："上古之世，人民少而禽兽众，人民不胜禽兽虫蛇，有圣人作，构木为巢，以避群害。"据此，我们可以追溯到人类建筑设计的源头。人们最早的居住环境有两种：一是天然岩洞；二是构巢而居。后来生活在黄河流域的人们在黄土地上挖掘洞穴，用木架与草泥建造穴居与半穴居的房屋，随后又发展到地面的木构架房屋。约六七千年前，长江流域多水地区出现了独立的干阑式建筑，底层架空，用来饲养牲畜或存放东西，上面住人，能隔潮，并防止虫、蛇、野兽侵扰（图 3-9-1）。

图 3-9-1 原始建筑发展过程

商周是中国建筑的一个大发展时期，在战国中山王墓中出土的一件铜案上，四角铸出精确优美的斗拱形象，并已有简单的组合形式。商周陵墓，地下以木椁室为主，其东、南、西、北向有斜坡道通至椁室，称"羡道"，天子级用四出"羡道"，诸侯只可用南北两出“羡道”，可见当时的建筑已经有相当多的讲究。

2. 秦至南北朝的建筑设计

秦汉魏晋南北朝时期是中国建筑史上的第一个高峰，皇权和宗教的思想、天人感应、五行风水和神明理论也对建筑产生了重要的影响。从中山王墓中出土的战国时期《兆域图》可知，当时的建筑是先绘制出设计图后才施工的。秦汉初期仍然承袭前代台榭建筑的形式和结构，如阿房宫前殿（图 3–9–2）和至今尚存的秦皇陵、咸阳宫等都是见证。汉代进一步营建了长乐宫、未央宫（图 3–9–3）、建章宫、乐游苑、宜春苑等。西汉末年台榭建筑渐次减少，楼阁建筑兴起，井榦和斗拱结构得到发展。

图 3–9–2 阿房宫前殿复原图

图 3–9–3 未央宫复原图

魏晋南北朝时期，佛教建筑兴建。北魏开凿的敦煌莫高窟（图 3–9–4）、洛阳龙门石窟、山西大同云冈石窟等都是著名的石窟。杜牧《江南春绝句》中“南朝四百八十寺，多少楼台烟雨中”就是佛教寺院升平盛世的写照。现存北魏时期建造的河南登封嵩岳寺砖塔（图 3–9–5），是留存至今我国最早的佛塔。这一时期的另一贡献就是造就了街道里坊规划严整、分区明确的城市，并基本定型。

图 3–9–4 敦煌莫高窟

图 3–9–5 河南登封嵩岳寺砖塔

3. 隋唐时期的建筑设计

隋唐是中国历史上最辉煌的时代。隋炀帝开凿大运河，促进了南北文化的融合。在唐代近 3 个世纪中，以开放的胸怀与怀柔手段使多民族归附，疆域辽阔，儒、道、佛三教并行，文化活跃，经济繁荣。在丰厚的物质文明和兼收并蓄的文化思想的推动下，中国古代建筑形成了“盛唐风格”：比例宏大宽广，造型富于张力，强调艺术与结构的统一，稳重大方又不失轻灵潇洒。隋唐城市开始采用图纸和模型相结合的建筑设计方法，分区合理、规划严谨，唐代的宫殿气势雄伟、富丽堂皇，严整而又开朗，唐都长安大明宫（图 3–9–6）的遗址范围相当于北京故宫面积的 3 倍多；大明宫中的麟德殿面积是北京故宫太和殿的3倍，其规模在1000余年间一直为世界之最。

在宗教建筑方面，隋唐的砖塔现存较多，形式多样，主要有楼阁式、密檐式、单层塔3种。山西的南禅寺大殿（图3-9-7）和佛光寺大殿是我国现存最早的木结构建筑，显露了唐代木结构殿堂的真面目，充分体现出唐代稳健雄丽的建筑风格。

图3-9-6　大明宫复原图

图3-9-7　山西的南禅寺大殿

4. 五代宋元的建筑设计

公元907年唐灭至公元1368年元亡，中国经历了五代十国、宋、辽、西夏、金、元等多个朝代的更迭。地方割据和少数民族入主中原，建筑呈现多种风格交融的局面。五代两宋建筑规模不如唐代，少了雄浑凝重之气而趋于秀丽和多样化。尤其是宋代建筑，装饰繁密、造型多变、色彩绚丽，与当时的文化、科学、政治、经济、艺术等多方面的特征相适应。

宋代木结构建筑采用了以"材"为标准的工料定额制和模数制，使设计施工达到一定程度的规模化。砖石建筑达到了新高度，如著名的开封佑国寺塔（仿木阁楼式砖塔），造型高耸挺秀，是这一时期的代表性风格（图3-9-8）。宋代著名的《营造法式》是我国古代最完整的建筑技术书籍，书中确定了材份制和各种标准规范，还对建筑的规划、设计、工程技术和生产管理都有系统的论述。

元代建筑体现了大都城规划，元大都是当时世界上最大的都市之一。由于蒙元统治者迷信宗教，宗教建筑非常兴盛，兴建了西藏的喇嘛教建筑（图3-9-9）、北京妙应寺白塔等。同时还在大都及其他地区，陆续兴建了西亚风格的伊斯兰教礼拜寺等，使外来形式与传统形式取得了良好的结合。

图3-9-8　宋代开封佑国寺塔

图3-9-9　元代西藏的喇嘛教建筑

5. 明清时期的建筑设计

明清时代，地方经济繁荣富庶，民间建筑与官式建筑在定型的基础上蓬勃兴起。此时风水观念根深蒂固，人们注重建筑群体与自然的关系。北京故宫布置严格对称，层层门阙殿宇和庭院空间相互呼应，组成庞大建筑群，且装饰繁缛、雕梁画栋、富丽堂皇，把封建"君权"抬高到无以复加的地步。这种极端规整严肃的布置是中国封建社会君主专制的典型产物。与宫廷建筑同时流行的民间建筑也取得发展，极具民族风格、地方特色，其中北京四合院就是典范之一（图 3-9-10）。

图 3-9-10 北京的四合院示例

明清时期的庙坛建筑也颇具特色，明代建成的北京天坛是我国封建社会末期建筑设计的优秀实例（图 3-9-11），它在烘托最高封建统治者祭天时的神圣、崇高气氛方面达到了非常成功的地步。南京明孝陵和北京十三陵，是善于利用地形和环境来形成肃穆气氛的杰出实例。它们总体布置的形制基本相同，山势环抱，气势宏伟。

承德"避暑山庄"（图 3-9-12）是清代帝王避暑的地方，在承德避暑山庄东侧与北面山坡上还建有 11 座喇嘛庙，称"外八庙"。其中有的仿西藏布达拉宫，有的仿西藏扎什伦布寺，是大批喇嘛教寺庙建筑的最高成就。

图 3-9-11 北京天坛

图 3-9-12 承德避暑山庄

3.9.2 中国古代建筑的特点概述

中国古代建筑是指在近代西方建筑技术输入前的建筑，区别于承柱式和拱券式的建筑。中国古代建筑以小见大、对比衬托、起承转合等艺术手法，把众多体量各不相同的建筑组成和谐的空间。其突出成就表现为：构件规格化，单体建筑标准化，群体建筑序列化。中国古建筑融雕刻、彩画、书法和工艺美术、家具陈设等于一体，造就艺术意境。

1. 广为应用的木结构形式

中国古代建筑主要是木构架，采用木柱、木梁构成房屋的框架，主要有叠梁式和穿斗式。叠梁式就是在屋基上立柱，柱上支梁，梁上放短柱，梁的两端承檩，层叠而上。穿斗式就是用穿枋把柱子串联起来，檩条直接搁置在柱头上，再用斗枋把柱子串联成一个整体框架。另外，还有斗拱（图 3-9-13），可使屋檐大量外伸，形式优美，为我国传统建筑造型的一个主要特征。

2. 严格的中轴线对称布局

中国古代建筑组群的布局形式均根据中轴线展开，以规模最巨大、气势最宏伟的建筑组群作为中轴线上的主体。世界各国，唯独我国对此布局最强调，成就也最突出，北京故宫是一个典范。故宫的设计思想主要体现皇权，为了显示整齐严肃的气氛，主要建筑全部严格对称地布置在中轴线上，层层门阙殿宇和庭院空间相联结组成庞大建筑群（图 3-9-14）。

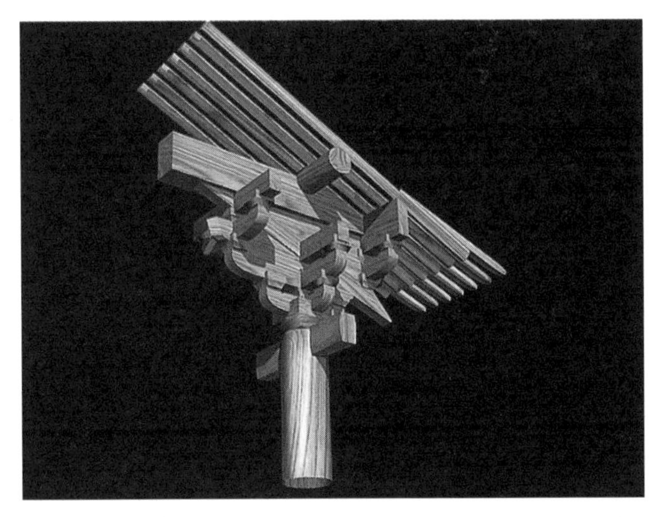

图 3-9-13 斗拱

图 3-9-14 中轴线对称布局所体现的皇权

3. 重视礼教的大庭院布局

北京四合院最能体现这一布局原则，这种布局根据封建的宗法和等级观念，使尊卑、长幼、男女、主仆之间关系在住房上体现出明显的差别。坐北朝南的为正房，是全宅中最高大、质量最好的部分，供家长起居、会客和举行仪礼之用。正房前左右对峙的东西厢房，通常供晚辈居住或作饭厅、书房用。东厢房的耳房常作厨房用，从垂花门到各房有廊互相连通（图 3-9-15）。

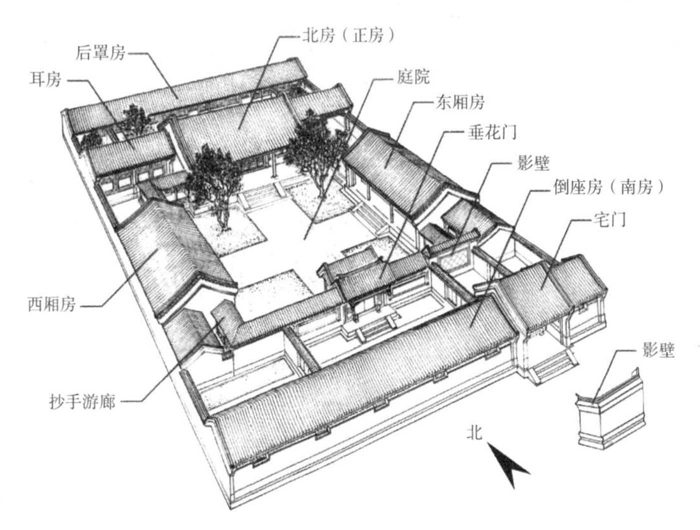

图 3-9-15 庭院式的组群布局

4. 种类繁多的装饰性屋顶

中国古代的匠师很早就发现了利用屋顶取得艺术效果的重要性。《诗经》里有“作庙翼翼”之句，说明 3000 年前就已经出现祖庙舒展如翼的屋顶。我国古代匠师充分运用木结构的特点，创造了屋顶举折和屋面起翘、出翘、形成如鸟翼伸展的檐角和屋顶各部分柔和优美的曲线。中国封建社会的等级制度也体现在屋顶形式上。按规定，尊卑等级顺序是：重檐庑

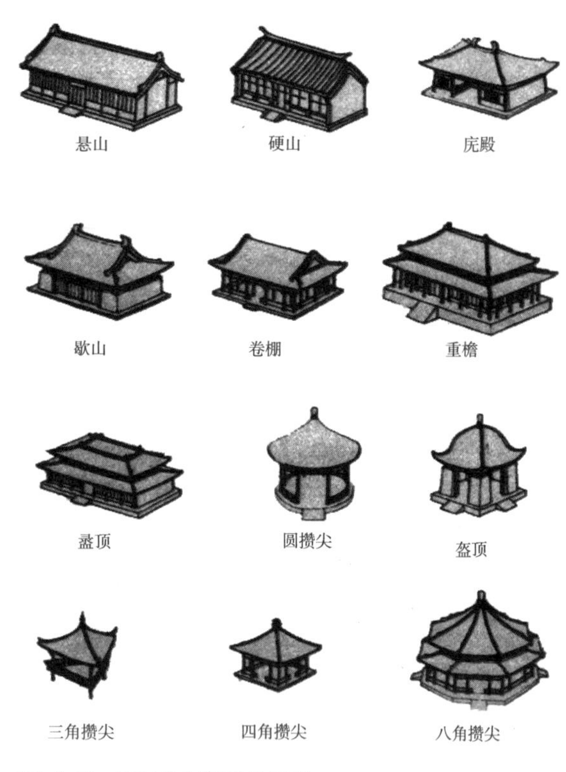

图 3-9-16 中国古代建筑各类屋顶示例

殿，重檐歇山，重檐攒尖，单檐庑殿，单檐歇山，单檐攒尖、悬山、硬山（图 3-9-16）。

5. 色彩运用的对比与协调

中国建筑很早就采用在木材上涂漆和桐油的办法，以保护木质和加以装饰，以后又用丹红装饰柱子、梁架或梁、枋等处，使坚固与美观相结合。中国古代的匠师在建筑装饰中善于运用鲜明色彩的对比与调和，在房屋的主体部分一般用暖色特别是朱红色，房檐下的阴影部分则用蓝绿相配的冷色彩画，强调了阳光的温暖和阴影的阴凉。封建社会里，色彩、彩画有严格等级规定。以黄为最尊，其下依次为：赤、绿、青、蓝、黑、灰。宫殿用金、黄、赤色调，民舍只能用黑、灰、白为墙面及屋顶色调。

6. 衬托性建筑的艺术手法

这是中国古代宫殿、寺庙等高级建筑常用的艺术处理手法。例如华表、牌坊、照壁、铜狮等。以此为骨架，既达到实际功能要求，又创造出优美的建筑群体。

3.10 中国古代园林设计

由于世界各民族、各地区人们对风景有不同理解和偏爱，出现了不同风格的园林。归结起来，可分为三个系统——欧洲园林、西亚园林和中国园林（图 3-10-1）。我国园林是世界园林艺术起源最早的国家之一，它熔传统建筑、文学、书画、雕刻和工艺于一炉，具有极高的艺术水平和独特的民族风格，堪称“世界园林之母”。

图 3-10-1 欧洲园林、西亚园林和中国园林概貌

我国古典园林在叠山理水中，善于利用抑、隔、曲的手法营造园景，参差错落、富于变化，给人以曲径通幽和别有洞天之概。园中的亭台楼榭，既可聚拢景色，又可推出景色，“虽由人作，宛自天开”，在沟通人与大自然中体现了我国古代独特的生命精神和生态审美。

3.10.1 中国古代园林的发展历程

从甲骨文“囿”字推算，我国古代园林的出现可以追溯到殷商，《史记》中有商纣王曾“益广沙丘苑台，多取野兽飞鸟置其中”的记载，周文王时兴建有著名的“灵囿”。

秦始皇统一全国后，在渭水之南作上林苑，还在咸阳“作长池，引渭水，筑土为蓬莱山”，秦汉建筑宫苑和“一池三山”的做法开创了宛囿人工假山的纪录。

汉武帝重修秦上林苑，另建西苑、甘泉苑及各种游玩设施。

魏晋南北朝是我国山水园林的奠基时期。在战乱频繁、社会动荡后，人们开始寻找自然空灵的世界，隐世遁名，私家园林应运而生。他们继承了汉代池中筑岛的方法，成为后世的风格。

隋朝在其短暂的历史上，也留下了许多杰作。隋炀帝修建的洛阳西苑“周二百里，内造十六院”，再现了秦汉豪华壮丽的宫苑风格。

唐宋时代，文人墨客兼豪臣名士把自己的“诗情画意”纳入造园之中，并形成中国园林设计的主导思想。如唐长安芙蓉苑、北宋东京艮岳、白居易的庐山草堂等。这时大型风景也开始兴建，其中宋代的滕王阁、黄鹤楼和岳阳楼最为有名。

中国古代园林的顶峰时期是明清两代。在皇家园林方面，明代在元大都太液池上建成西苑，清康熙、乾隆建有“三山五园”，即万寿山清漪园（后改名颐和园，见图3-10-2）、玉泉山静明园、秀山静宜园以及圆明园。私家园林方面则集中在江南一带，如苏州拙政园、无锡寄畅园。寺庙园林方面有镇江金山寺等。书院园林方面有庐山的鹿洞书院。纪念性园林方面有成都武侯祠等。

图3-10-2 颐和园

3.10.2 中国古代园林的地域特色

我国地域广大，东西南北的气候地理条件及物产各不相同，因而园林也常常表现出较明显的地域特性。归总起来，有江南园林、岭南园林、蜀中园林和北方园林。

1. 江南园林

江南园林常是住宅的延伸，基地范围较小，在有限空间内创造出较多的景色，“小中见大”、“一以当十”、“借景对景”等手法得到灵活的应用，留下了很多巧妙精致的佳作，如苏州小园网师园（图3-10-3）。

2. 岭南园林

主要指珠江三角洲一带的古园，日照充沛、植物种类繁多。受岭南画派及工艺美术的影响，岭南园林建筑色彩较为浓丽，建筑雕刻图案丰富多样。现存的顺德清辉园（图3-10-4）、东莞可园、番禺余荫山房及佛山梁园，被称为岭南四大名园。

3. 蜀中园林

四川虽地处西南，但历史悠久、文化发达，富有特色。蜀中园林较注重文化内涵的积淀，往往与历史上的名人轶事联系在一起。如邛崃县城内的文君井，成都武侯祠（图3-10-5）、杜甫草堂、眉州三苏祠、江油太白故里等园林均以纪念历史名人为主题。

另外，蜀中园林建筑较多地吸取了四川民居的雅朴风格，山墙纹饰、屋面起翘，井台、灯座等小品，古风犹存。

4. 北方园林

北京是我国北方园林最集中之处，其中很大部分是古代皇帝的花园，规模宏大、建造精良，是我国古典园林中的精华。另外，北方也保留了一些历史较悠久的古园，如山西新绛原绛州太守衙署的花园，建于隋开皇十六年（596 年），至今还丘壑残存，是我国留存最早的园林遗址。再如河南登封的嵩阳书院（图 3-10-6）、山东曲阜孔府铁山园等，亦均是北方纪念性园林中的代表作。

图 3-10-3　苏州网师园

图 3-10-4　顺德清辉园

图 3-10-5　成都武侯祠

图 3-10-6　登封嵩阳书院

3.10.3　中国古代园林的性质类别

1. 皇家园林

皇家园林有三个特点：一是气魄宏大，占地多、规模大，充分利用了山水风景的自然美。西苑三海（图 3-10-7 ）是我国最大的皇家园林，还有避暑山庄、颐和园以及香山静宜园等；二是园中套园，将天下名景名园搬到苑囿中来，以便就近游赏；三是主题突出。皇帝造园时，往往招聘全国的高级匠师，重视多姿多彩的建筑点缀，修建造型优美的建筑来作为景区的主题。

2. 文人园林

文人园林大多占地不大，如苏州网师园、壶园、残粒园、芥子园、半亩园等名园，皆以小而著称。文人园虽然较小，但它却融和了园主的文心和修养，注入文心诗意，别有韵味。文人园林的景色，大多比较雅，宁静自然，简洁淡泊，落落大方。这“雅”和“小”，便是文人园林的主要特点。文人园林的另一个特点是园林的游赏功能与居住功能的密切结合。

图 3-10-7 西苑三海

3. 寺庙园林

并不仅指佛教寺院和道教宫观所附设的园林，而泛指为宗教信仰和意识崇拜服务的园林。“园包寺，寺裹园”就是这些寺园风景的概括，如著名的杭州灵隐寺（图 3-10-8）就是如此。各地纪念名人贤士或民族英雄的建筑，如杭州岳庙，绍兴兰亭和王右军祠等实际上是另一种类型的宗庙建筑。

4. 风景园林

泛指位于城邑郊外，利用原有的天然山水林泉改造而成的公共园林风景区，是城市园林和名山胜水风景区中间的一个过渡。邑郊风景园林是由山、水、园、庙等构成。那里既有青山绿水、洞壑溪泉、花草树木等自然景，又有亭台楼阁、仙祠古刹、危磴曲径、精舍浮图等人工创造的景致。邑郊风景园林一般都位于城郊附近二三公里之内。保存至今的这类园林，如苏州的石湖和虎丘、南京的钟山、镇江的南山（图 3-10-9）、兰州的皋兰山、肇庆的鼎湖山等。

图 3-10-8 杭州灵隐寺

图 3-10-9 镇江南山风景园林

3.11 中国古代视觉传达设计

起源于手工生存方式的古代设计文明，从一开始就与视觉传达设计密切相关。古老洞穴壁画的出现，标志着人们形成了图形符号及其信息传达的雏形。为生计起见，先民们使用最原始的树皮、树叶、竹筒、果壳、草编、动物器官等包装、储运食物。后来，陶器诞生，无论造型还是图案，都为现代包装提供了养分丰厚的创作资源。在农业、手工业产品的流通和交易中，人们产生口头和实物广告的形式，进而开始了品牌的设计与传播……可以说，古代视觉传达设计是人类的商业文化和精神文明的发展的支柱，甚至可以说孕育了人类文明。

图 3-11-1　中国古代图腾

3.11.1　中国古代标志的产生过程

在文字产生前，人类由于交流需要形成了口头语言。后来口头不能满足生活的需要，于是就用刻树、堆石、结绳、刻画记号等方式来记录和彼此沟通，他们画圆圈为太阳，画弧为月亮……初期多为写实，后来演变成象征化图形与符号。可见，标志作为视觉语言是基于"识别"的需要而产生的。伴随人类社会的变革，标志已逐渐成为区别不同信息的媒介了。开始用于部落的图腾（图 3-11-1）或祭祀活动的标记，就形成了人类原始的标志，它的诞生是图案发展的必然，也是文字诞生的前奏。

3.11.2　中国古代文字的发展演化

汉字是世界上使用人数最多，寿命最长的一种文字。今天所能见到的最古老的文字是商代刻在甲骨上和铸在铜器上的文字。商代的文字已经是很发达了，最初产生文字的时代必然远在商代以前，那就是夏代或更早于夏代的新石器时代，距今约四五千年以上。

关于汉字的起源，中国古代文献上有诸多说法，如"结绳"、"八卦"、"图画"、"书契"等，古书上还普遍记载有黄帝史官仓颉造字的传说。远古时代，堆石、结绳记事开始不能满足人们的需要，为了交流、记录的需要，人们常利用大自然中与人息息相关的天象地貌，模仿设计了许多具有代表性的形态记号，这些形态性的记号，是用图画来表达的，称为"象形文字"，也就是原始视觉符号形式的起点。后来，再经过图形文字的笔画化、方正化、简化的过程，抽象出极其简单的线条形象，于是，文字最终脱离图形，向着自己的方向发展（图 3-11-2）。

	魚	鳥	羊
甲骨文	[illegible]	[illegible]	[illegible]
金文	[illegible]	[illegible]	[illegible]
小篆	[illegible]	[illegible]	[illegible]
隸書	魚	鳥	羊
楷書	魚	鳥	羊
草書	[illegible]	[illegible]	[illegible]

图 3-11-2　汉字的演化过程

3.11.3　中国古代广告形式的发展

《楚辞》中有"师望在肆，鼓刀扬声"，说的是姜太公开肉铺时，用敲砍刀发出的响声吸引顾客。这种"音响广告"也可算是最早的广告媒体了。宋代《东京梦华录》中记汴京城内"卖花者以马头竹篮铺排，歌叫之声，清奇可听"，已不是简单吆喝，而是编成歌曲，沿街咏唱。至于卖豆腐者之敲梆子、卖饴糖者之敲锣的广告方式，则一直沿袭至今。

春秋时期韩非子在《外储说右上》中记载道："宋人有沽酒者，斗概甚平，遇客甚谨，为酒甚美，悬帜甚高……"这是指公元前 6 世纪宋国的酒店"幌子"，可以说是最早的广告形式。唐宋以后商店门口竖立牌匾、悬挂旗帜等招牌广告已经很普遍。

我国现存最早的印刷广告是北宋时期"济南刘家功夫针铺"四寸见方的广告（图 3-11-3），对经营项目、经销方式、质量保证等作了表达。可见当时各种视觉

图 3-11-3　"济南刘家功夫针铺"广告

传达要素的构成与编排，已完全具备了今日广告传播的基本要素。此后的印刷、文体、标牌等广告形式不断完善，更加精致。

3.11.4 中国古代的书籍装帧设计

早在先秦时期，中国人就发明了墨，东汉时期蔡伦改进了植物纤维造纸。墨和纸的发明为印刷创造了条件。隋唐时期，木刻版印刷流行，现存最早的印刷品是公元 868 年的印刷本《金刚经》，包括了插图、标题、文本 3 个部分。进入北宋，雕刻铜版问世，铜版雕刻本《春秋经传集解》（30 卷印刷品）是其代表（图 3-11-4）。同期，毕昇发明了活字印刷术，大大推动了印刷书籍的发展和普及。早期的印刷品用于政令推广以及宗教宣扬，如佛经、佛像的印制等，后来，历书、文算、书籍的复制印刷得到了普及，使近代书籍、广告设计初具规模。

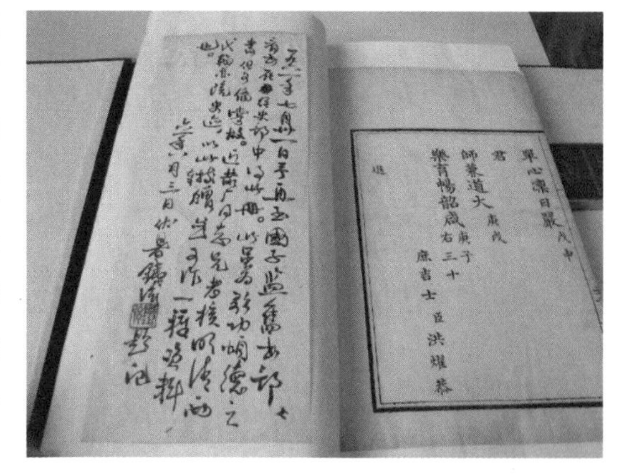

图 3-11-4 宋代铜版雕刻本《春秋经传集解》

3.11.5 中国古代包装形态的发展

包装是人类社会发展的必然产物，具有悠久的历史。我国的包装经历了由原始到文明，由简易到繁荣的发展过程，大致有 3 个阶段。

1. 原始的包装形态

人类使用包装的历史可以追溯到远古时期。早在距今一万年左右的原始社会后期，随着生产技术的提高，人们有了剩余物品进行贮存和交换，于是开始出现原始包装。原始人就地取材，利用竹、麻、草、瓜果、兽皮等纯天然材料来包裹物品，形成了包装雏形。

2. 人工物包装形态

随着生产力发展，人们开始懂得制作陶器。4000 多年前的夏代已能冶炼铜器。春秋战国时期，人们掌握了铸铁炼钢技术和制漆涂漆技术，铁制容器、涂漆木制容器大量出现，同时由新石器时代产生的麻织、丝织技术日渐成熟，常被用来包裹贵重之物。用陶瓷、木材、金属、纺织品等人工物加工各种包装容器已有千年的历史，其中许多技术一直使用到如今。

3. 商业印刷包装形态

早在公元 105 年（元兴元年）蔡伦将其发明的造纸术奏报朝廷后在民间推广。11 世纪中叶，中国毕昇发明了活字印刷术。包装印刷及包装装潢业开始发展（图 3-11-5）。到了近代，包装印刷方式及设计风格大量采用欧美的技术与形式，特别突出的是香烟、火柴、肥皂等商品，形成了近代商业包装（图 3-11-6）。独特的包装装潢设计，记录了我国近代工商业发展的进程。

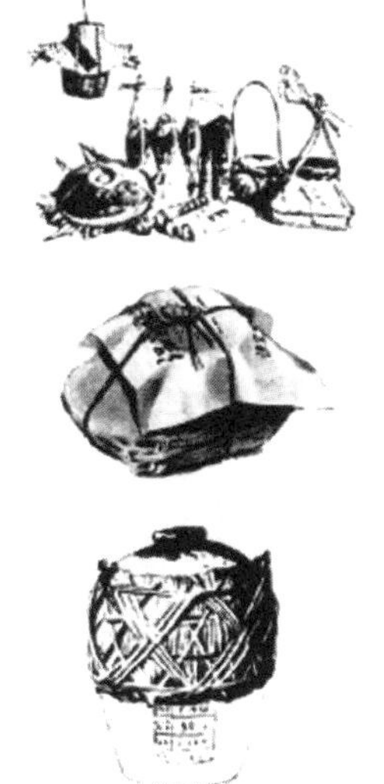

图 3-11-5 人工物包装

图 3-11-6 20 世纪 30 年代上海民族工业包装

3.12 中国古代设计总体特点

中国传统器物有深厚神秘的东方风采，那丰富神奇的质感肌理，诗情画意的优雅意境，以及细部的精致处理，使得中国设计耐人寻味，美不胜收。中国古代总体设计思想是追求和谐，在客观和主观相统一的基础上，达到天时、地气、材美、工巧与意匠的和谐统一。从石器时代设计思想的萌发，到夏商周青铜器设计的灿烂；从秦汉南北朝设计的宏大壮丽，到隋唐五代设计思想的灿烂和交融；从宋元时设计思想的理性，到明代传统设计之集大成和清代民间设计的经典，无不渗透着中国古代设计的特点和思想。这些可以总结为以下的几个方面。

图 3-12-1 中国古代家具设计的天时、地气、材美、工巧体现

3.12.1 体现天时地气材美工巧

古人认为，阴阳变化、宇宙运行、四时交替都有内在的自然规律，人们的活动要适应天时地气，达到“天人合一”。此外，中国传统造型或装饰充分尊重材料自身的特性，展现出自然、淡雅的趣味和情致。工巧美是指器物制作精致、别出心裁，器物各部分比例恰当、弯曲有度，各局部穿插合理、连接有序，整体组合协调，适于使用，也就是和谐、美观、易用的原则（图 3-12-1）。

3.12.2 功能与形式的完美结合

古代艺术设计的首要任务是实用功能的设计，古人将美学经验与功能观念结合起来，形制服从作用、形式追随功能。“用”与“美”的统一成了中国古代设计的基本特征。例如陶器中三足器的稳定便于放置，受热面积大，利于蒸煮食物；尖底瓶上重下轻，接触水面时易于倾斜汲水（图 3-12-2）；还有提梁、器耳、流等陶器附件的出现，也都为使用提供了方便。

图 3-12-2 三足器与尖底瓶的形制与功能

3.12.3　讲究器以载道的象征性

中国古代的设计承载着很多的思想和象征意义，“器以载道”揭示了中国器物设计的审美思想，如“以玉比德”的玉器设计。还如古代方型车厢象征大地；圆形车盖象征天空（图3-12-3）。另外，鼎作为礼乐制度中的重要象征物，是统治权力的象征；器物的装饰用松、竹、梅表现高尚情操。

图3-12-3　古代车辆中天圆地方的思想

3.12.4　追求人、物、自然的和谐

中国古代设计思想体现在社会关系中，是社会的和谐有序；体现在人与自然的关系中，是天人合一；体现在人与物的关系中，是文质、材艺、心物、形神统一。中国传统器物创造表现出高度的实用与审美的和谐统一，感性与理性的和谐统一，材质工艺与意匠的和谐统一。

中国人“和谐”的世界观能以宽厚包容的眼光看待身边的万物，以兼容并蓄的精神将人与天地万物看作合而统一有机的整体，追求自然与人类的和谐共生。

思考题

1. 中国古代青铜器设计有什么特点？其世界地位如何?
2. 中国各时代瓷器设计分别有什么特点？能给现代设计带来什么启发?
3. 中国古代设计思想的总体特点是什么?

参考文献及延伸阅读

[1] 陈瑞林．中国现代艺术设计史［M］．长沙：湖南科学技术出版社，2002.

[2] 徐勤．新编中国工艺美术简史［M］．上海：学林出版社，2007.

[3] 田自秉，等．中国工艺美术图典［M］．长沙：湖南美术出版社，1998.

[4] 张晶．设计简史［M］．重庆：重庆大学出版社，2004.

[5] 戴吾三. 考工记图说 [M]. 济南：山东画报出版社，2003.

[6] 张德勤，等. 世界瑰宝 [M]. 北京：地质出版社，1993.

[7] 席跃良. 艺术设计概论 [M]. 北京：清华大学出版社，2010.

[8] 沈榆. 现代设计 [M]. 上海：上海市科技出版社，1995.

[9] 李泽厚. 美学三书 [M]. 合肥：安徽文艺出版社，1999.

[10] 高丰. 中国器物艺术论 [M]. 太原：山西教育出版社，2001.

[11] 曹林娣. 中国园林艺术论 [M]. 太原：山西教育出版社，2001.

[12] 陈望衡. 艺术设计美学 [M]. 武汉：武汉大学出版社，2000.

[13] 黑川雅之. 世纪设计提案：设计的未来考古学 [M]. 王超鹰，译. 上海：上海人民美术出版社，2003.

[14] 百度百科：http ://baike.baidu.com/.

第4章 西方设计概览

在人类进化过程中，最初的人类为了维持自己生存和发展的基本需要，产生了工具、器皿、建筑、服装的最初形式。当时的设计带有明显的地域性和民族性。从奴隶社会到工业社会之前的漫长时间里，设计明显地出现了贵族风格和平民风格的区分。17 世纪，英国率先开始了工业革命，工业城市代替了闭关自守的封建庄园经济。但是，机器的大量运用也引发了诸多问题，19 世纪后半叶诞生了工艺美术运动和新艺术运动。后来包豪斯学校的成立则奠定了现代设计教育思想的基础。但是，现代主义设计对技术的过分注重，忽略了人精神上的需求。从 20 世纪中叶开始，设计呈现多元化、多样性的特征，地域性、民族性、个性化重新得到弘扬。

4.1 西方古代洞穴壁画

1879 年，西班牙考古工作者桑图拉带着小女儿在西班牙北部桑坦德市的阿尔塔米拉洞穴内发现了壁画，洞穴长 270 米，大部分壁画分布在长 18 米的侧洞的顶和壁上，其绘制时间距今约有 2 万年以上，使全世界都为之震惊。壁画主要是涂有红、黑、紫色的成群野牛，还有野猪、野马和赤鹿等，总数达 150 多头（图 4-1-1），内容可能与原始人祈求狩猎成功的巫术活动有关。这些动物采用写实粗犷的重彩手法，运用了潜缩法透视，形象描画得细腻生动，栩栩如生。原始画家还善于利用洞壁的凹凸不平创造出富有立体感的形象，被公认为世界美术史上原始绘画的代表作。在洞穴前部，发现了旧石器时代晚期文化的遗物，为确定岩画的年代提供了证据。

有趣的是 60 多年后，在法国的拉斯科洞窟又发现了精彩的洞窟壁画（图 4-1-2）。与此同时，我国在广西花山发现的摩崖画还出现了人物形象。这些人物形象生动、色彩缤纷绚丽。西方人称这些洞穴壁画为“史前的西斯廷教堂”（以米开朗琪罗的巨幅天顶画名闻遐迩，它是西方人心目中的艺术圣殿），可见古代洞穴壁画的艺术价值在人们心目中具有至高地位。

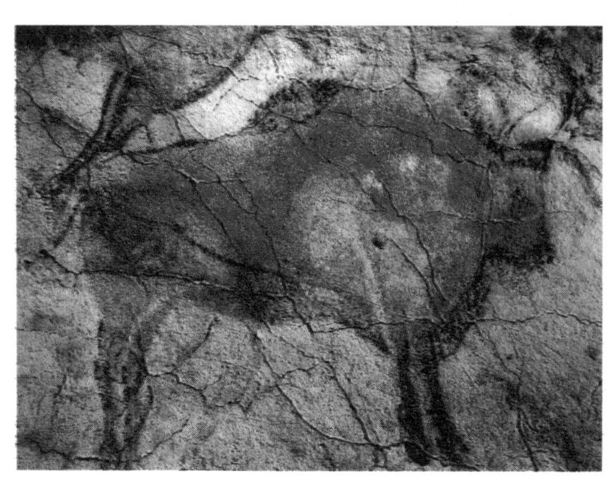

图 4-1-1 西班牙阿尔塔米拉洞穴壁画（局部）

图 4-1-2 法国拉斯科洞穴壁画（局部）

4.2 古埃及时期的设计

埃及是世界上最古老的国家之一，金字塔（图 4-2-1）和阿蒙神庙是其杰出代表。这一时期的建筑宏大、单纯，反映了古埃及人对高山、大漠、长河等天地神灵的一种崇拜意识。

4.2.1 法老金字塔的奇迹

金字塔主要流行于埃及古王国时期，约 4500 年前左右，是世界八大奇迹之一。埃及金字塔相传是古埃及法老（国王）的陵墓，用巨大石块修砌成的方锥形建筑，侧影类似汉字的“金”字，故汉语称为金字塔。埃及金字塔是至今最大的建筑群之一，成为古埃及文明最有影响力和持久力的象征之一，埃及现存的金字塔数目在 81~112 座之间。

第四王朝法老胡夫的金字塔是最大的一座。这座大金字塔原高 146.59 米，底面呈正方形，每边长 230 多米。在 1889 年巴黎建筑起埃菲尔铁塔以前，它一直是世界上最高的建筑物。除了以其规模的巨大而令人惊叹以外，还以其高度的建筑技巧而得名，能历数千年而不倒，这不能不说是建筑史上的奇迹。

4.2.2 神秘的狮身人面像

胡夫的儿子哈夫拉的金字塔比胡夫的金字塔低 3 米，塔的附近建有一个雕着哈夫拉的头部而配着狮子身体的大雕像，即所谓狮身人面像（图 4-2-2）。在古埃及神话里，狮子乃是各种地方神秘的守护者，也是地下世界大门的守护者。除狮身是用石块砌成之外，整个狮身人面像是在一块巨大的天然岩石上凿成的，它至今已有 4500 多年的历史，不过其大半时间都被流沙深埋地底。

图 4-2-1 埃及金字塔

图 4-2-2 狮身人面像

4.2.3 阿蒙神庙的石柱厅

阿蒙神庙位于卢克索镇北 4 公里处，是卡尔纳克神庙的主体部分。阿蒙神庙供奉的是底比斯主神——太阳神阿蒙，始建于 3000 多年前的十七王朝，在此后的 1300 多年不断

图 4-2-3 阿蒙神庙的石柱大厅

增修扩建，共有 10 座巍峨的门楼、3 座雄伟的大殿。

阿蒙神庙的石柱大厅最为著名，内有 134 根要 6 个人才能合抱的巨柱，每根高 21 米。这些石柱历经 3000 多年无一倾倒，令人赞叹（图 4-2-3）。庙内的柱壁和墙垣上都刻有精美的浮雕和鲜艳的彩绘，它们记载着古埃及的神话传说和当时人们的日常生活。此外，庙内还有闻名遐迩的方尖碑和法老及后妃们的塑像。神庙内部的圣地放置着圣船，外面有一个圣湖，圣湖旁有一座倒下的方尖碑和金龟子形状的雕刻。据说未婚女子绕金龟子雕塑跑上 7 圈，很快就会出嫁了。

4.3 古希腊时期的设计

古希腊是奴隶主民主制国家，是欧洲文化的发源地（图 4-3-1）。古代希腊人在科学、哲学、文学、艺术上都创造了辉煌的成就。在古希腊，城邦国家要求公民具有健壮的体格和完美的心灵，这也成为艺术创造的理想形象。贸易和航海业的发展造就了希腊人的坚强意志、机智灵活、勇于追求理想的积极性格，也使希腊人得到接触两河、埃及等地区文化的机会。希腊神话包含着人们对自然奥秘的理性思索，它孕育着历史和哲学观念的萌芽。

古希腊人擅长思辨，是一个极其富有理性思辨天赋的民族，在哲学领域呈现出百家争鸣的繁荣局面，苏格拉底、柏拉图、亚里士多德都是他们中杰出代表。虽然各种哲学流派争奇斗艳，但在人本主义倾向、理性思维和形式美感等方面的追求上，显示出共同的价值取向。

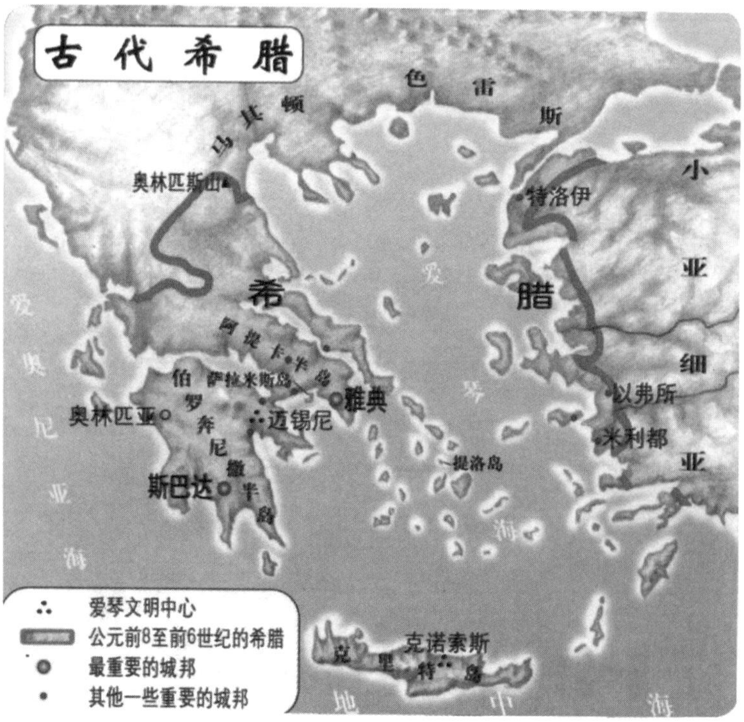

亚里士多德认为善与美的统一是人创造一切事物的根据，也是事物自身应当具备的本质。这实质上就隐含了“功用与形式”相统一的设计思想。这与现代设计的形式与功能的统一不谋而合。在古希腊影响最大的美学观念就是“美即和谐说”。这一学说由毕达哥拉斯最早提出，他认为数是万物的本原，其核心就是：美在于合乎理性的和谐，艺术即把不和谐变为和谐，而和谐的基础在于合乎比例的数量关系。“黄金分割比”即在此观念基础上形成的。比例、均匀、和谐，这些观点都是现代设计的根基。

图 4-3-1 古希腊地图

4.3.1 古希腊陶瓶的特点

古希腊时期留存下来的手工制品主要是陶瓶（图 4-3-2），这些陶瓶具有一定程度的标准化，造型和工艺制作都极其精美。古希腊最早的造型艺术是几何纹风格的陶器，用于敬神和陪葬。这一时期又被称为“几何风格时期”。公元前 7 世纪的陶器主要为东方风格，出现了受埃及、两河流域影响的兽首人身像、植物纹样等。黑绘风格出现于前 6 世纪初，它是把主体人物涂成黑色，背景保持陶土的赭色，使形象轮廓突出。红绘风格出现于前 6 世纪末，它恰好与黑绘风格相反，是在背景上涂以黑色，留下主体部分的赭色，人物细部用线来描绘。

图 4-3-2 古希腊陶瓶

4.3.2 古希腊建筑的遗产

公元前 5~4 世纪是希腊设计艺术的繁荣期，其中以建筑和雕刻对后世的影响最为深远。古希腊建筑艺术的主要成就是纪念性建筑和建筑群的艺术形式，其中最突出的代表是雅典卫城建筑群，它包括山门、帕特农神庙（图 4-3-3）、尼开神庙、伊克瑞翁神庙等建筑，其中帕特农神庙长 70 米，宽 31 米，列柱的比例为 17 ∶ 8，柱高 10.5 米，采用多利克柱式，檐壁又采用爱奥尼式的浮雕饰带，东西三角楣装饰着高浮雕。它结构匀称、比例合理，有丰富的韵律感和节奏感。

古希腊建筑柱式主要有 3 种：多立克柱式、爱奥尼柱式和科林斯柱式（图 4-3-4）。多立克柱式朴素，没有柱基，柱身由下向上逐渐缩小、中间略鼓出，柱身有凹槽，柱头上接方形柱冠，刚劲雄健。爱奥尼柱式秀美华丽、轻快，有柱基，柱身较细长、凹槽密而深，柱头为涡卷形，檐壁有浮雕饰，具有女性体态轻盈秀美的特征。科林斯柱式在伊奥尼亚柱式的基础上有更为华丽的装饰，柱头为繁密的花篮。古希腊柱式不仅被广泛用于各种建筑物中，也被后人作为古典文化的象征。

图 4-3-3 帕特农神庙遗址

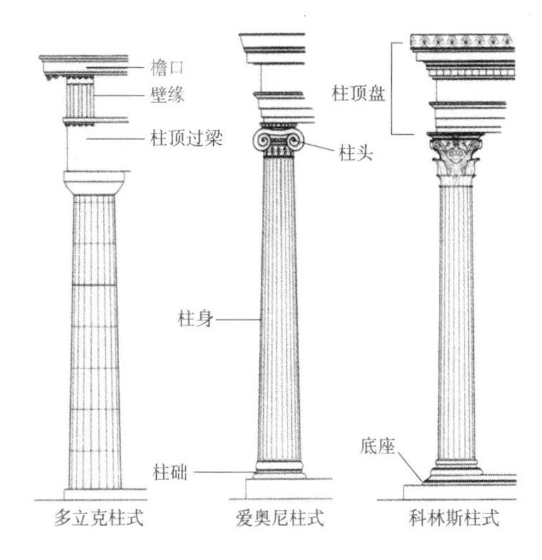

图 4-3-4 古希腊三种主要柱式图

4.4 古罗马时期的设计

罗马的历史可上溯到公元前 8 世纪，在罗马国家形成之前，亚平宁半岛就存在着古老的意大利土著文化，其中以伊达拉里亚文化对罗马影响最大。伊达拉里亚人早在前 8 世纪到前 3 世纪就创造了券拱建筑和具有东方风格的装饰壁画以及有力而写实的雕刻。

帝国时期的罗马成为地跨亚、非、欧三大洲的大帝国（图 4-4-1），在 1 世纪吞并了古希腊，继承了古希腊设计的成就，并向前推进。罗马人的设计更倾向于实用主义，在内容上多为享乐性的世俗生活，在形式上追求宏伟壮丽，在人物表现上强调个性。罗马人最杰出的成就表现在市政工程方面，他们修筑了规模浩大的道路、水道、桥梁、广场、公共浴池等设施。罗马人的青铜家具大量涌现，形式上基本没有脱离古希腊的影响，但在装饰纹样上显出潜在的庄严感。

4.4.1 雄伟的科洛西姆竞技场

“科洛西姆”拉丁语意为“巨大的”。竞技场建筑略呈椭圆形，长径 188 米，短径 156 米，周长 527 米，外墙高 48.5 米，用淡黄色巨石砌成（图 4-4-2），共 4 层，下面 3 层每层有石柱 80 根，共有 80 多个地下室，分别为乐队室、道具间及关闭猛兽之所，上面铺有木板，为表演区，有人与人斗、兽与兽斗、人与兽斗，此外还有竞技、阅兵、赛马、歌舞等表演。

科洛西姆竞技场达到了罗马建筑的顶峰，它可以容纳 56000 多人，建有内外圈环形走廊，供观众出入和休息用，还有楼梯安排在放射形墙垣之间，分别通向各观众席。这一建筑对于券拱的运用达到了顶峰，有三层相叠的券拱，第一层券拱门供观众出入用，上面几层作为休息场所。从外形看，它共分四层，一、二、三层分别由多立克式、爱奥尼式、科林斯式三种柱式装饰券拱门，第四层是饰有半圆柱的围墙。

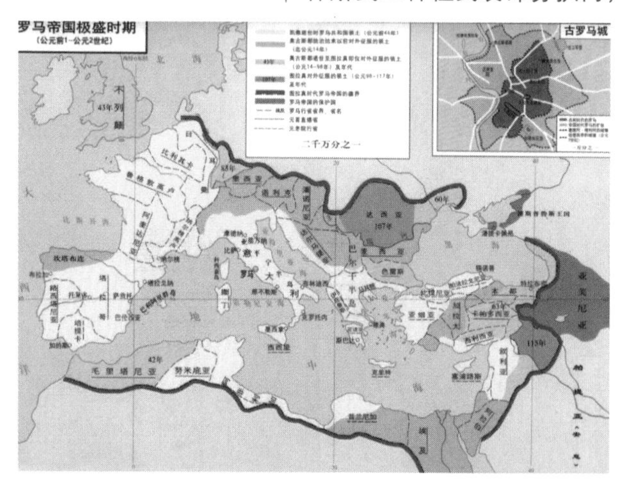

图 4-4-1 罗马帝国极盛时期的版图

图 4-4-2 科洛西姆竞技场

4.4.2 古老神圣的万神庙

万神庙（Pantheon）位于意大利首都罗马圆形广场的北部，是罗马最古老的建筑之一，也是古罗马建筑的代表作（图 4-4-3）。它是为了纪念奥古斯都（屋大维）打败安东尼和克娄巴特拉（埃及艳后）而于公元前 27 年建造的一座庙，目的是献给“所有的神”，因而叫“万神庙”。几经历史波折，到了近代，它成为意大利名人灵堂、国家圣地。

图 4-4-3 万神庙

万神庙采用了穹顶覆盖的集中式形制，是拱顶建筑的杰出代表。重建后的万神庙是单一空间、集中式构图的建筑物代表。万神庙的内部是一个宏伟的圆形厅堂，顶部是穹窿形屋顶，圆顶直径达 33 米多，高 42 米，用砖和三合土砌成。墙的四周除入口外没有开窗，屋顶中央有一个直径 9 米的圆洞作为采光用。均匀的光照使建筑物内部具有静谧和谐的气氛，丝毫没有压抑感。巨大的圆顶仿佛轻悬于空中，像是张开在人们头顶上的又一重天穹。

4.5 中世纪时期的设计

“中世纪”一词是 15 世纪后期人文主义者开始使用的，指自西罗马帝国于公元 476 年灭亡起，到 1453 年文艺复兴止的这段时间。这个时期的欧洲（主要是西欧）没有强有力的政权，封建割据使战争频繁，人民生活痛苦，被欧美普遍称作“黑暗时代”，此时宗教神学和经院哲学占统治地位，控制了人们的精神生活等一切方面，也影响了这一时期的设计。中世纪设计中拜占庭式和哥特式设计具有突出的代表性。

4.5.1 拜占庭设计风格

拜占庭帝国是罗马帝国灭亡后，兴起的在欧洲中世纪历时最久远的一个帝国，历史上俗称东罗马帝国。拜占庭设计风格富于装饰、抒情、象征，其建筑对俄罗斯建筑和伊斯兰教建筑有重大影响。典型代表有如莫斯科的华西里·柏拉仁诺教堂（图 4-5-1）及哈尔滨圣·索菲亚教堂。

拜占庭建筑的风格主要有四个方面：

第一个特点是屋顶造型，普遍使用穹窿顶。

第二个特点是整体造型中心突出，那体量既高又大的圆穹顶，成为整座建筑的构图中心。

第三个特点是把穹顶支承在独立方柱上，这种集中式建筑体制使内部空间获得极大自由。

第四个特点在色彩的使用上，既注意变化，又注意统一，使建筑内外立面显得灿烂夺目。

图 4-5-1 华西里·柏拉仁诺教堂

4.5.2 哥特式设计风格

哥特（Gothic）这个词汇原先的意思是西欧的日耳曼部族，原指野蛮民族。哥特式艺术指12—16世纪欧洲出现的以建筑为主的艺术，包括雕塑、绘画和工艺美术。中世纪设计的最高成就是哥特式教堂（图4-5-2），它的特点是尖拱券、小尖塔、垛墙、飞扶壁和彩色玻璃镶嵌等典型元素，并广泛运用簇柱、浮雕等层次丰富的装饰。哥特式又称高直式，无论是建筑外观还是内部装饰都呈现出轻盈垂直、直插云霄的特点。典型代表是法国的巴黎圣母院和德国的科隆大教堂（图4-5-3）。哥特式艺术是夸张的、不对称的、奇特的、轻盈的、复杂的和多装饰的，以频繁使用纵向延伸的线条为其一大特征。

图4-5-2 哥特式设计风格的教堂

图4-5-3 德国科隆大教堂

哥特式风格对手工制品，特别是家具设计也产生了重大影响，最常见的手法是在家具上饰以尖拱和高尖塔的形象。这一时期的生活用品简陋、朴素，长于结构的逻辑性、经济性和创造性，这些正是后来德国包豪斯的家具设计师们所追求的东西。

4.6 文艺复兴以后的设计

文艺复兴始于14世纪的意大利，它从思想学术界开始，提出“人文主义”，重视科学，反对中世纪的桎梏，倡导个性自由。文艺复兴是一个“需要巨人并且产生了巨人的时代”，恩格斯曾称文艺复兴为“人类从来没有经历过的最伟大、进步的变革”。在设计风格上，文艺复兴从古代艺术中汲取营养，追求具有人情味的曲线和优美的层次。文艺复兴的领域不仅在文学艺术方面，还包括建筑、物理、数学、医学、语言等诸多领域。

到16世纪，文艺复兴达到了繁荣的顶点，在艺术方面出现了达·芬奇、米开朗琪罗和拉斐尔等“文艺复兴三杰”，他们都曾从事于建筑设计构思和实践。16—17世纪，许多老行业发展缓慢，一些新兴的行业，例如造纸业、印刷业、钟表业、玻璃工业、煤炭业等迅速崛起，科学技术开始飞跃发展，促进了钢铁工业、机器制造业、交通运输业的繁荣，推动了社会生产力的突飞猛进。

4.6.1　文艺复兴的家具

文艺复兴时期，资本主义生产关系在欧洲逐渐形成，新兴资产阶级的需求在文化上逐步体现。此时的家具艺术多表现人文主义的色彩和新兴资产阶级的特征，线条粗犷，外观厚重庄严（图 4–6–1）。当时人们常在家具表面涂上很硬的石膏花饰并贴上金箔，有的还在金底上彩绘。16 世纪，欧洲盛行用抛光的玛瑙、大理石、玳瑁和金银等镶嵌家具，并在上面打造华丽花枝和卷涡花饰，同时，人体作为装饰题材也大量出现。这种风格甚至影响到意大利近现代家具的设计。当时出现的箱形长榻，成为后来“沙发”的雏形。

4.6.2　巴洛克风格的特点

17 世纪文艺复兴运动衰落，浪漫主义时期来临，设计风格主要是巴洛克式和洛可可式，其中巴洛克设计风格在 16 世纪与 17 世纪交替时期开始在意大利流行，代表了 16 世纪矫饰主义时期到 18 世纪洛可可时期之间的欧洲文化（图 4–6–2）。

图 4–6–1　文艺复兴的家具设计风格

图 4–6–2　巴洛克设计风格

巴洛克（Baroque）本意指有瑕疵的珍珠及不规则或怪异的事物，作为设计风格的代称，它指刻意追求超常出奇、标新立异的形式和一种缺乏调和均衡规则的风格，在某种程度上也反映了当时欧洲动荡局势、不安而丰裕的现实。巴洛克风格承袭文艺复兴末期的矫饰主义，着重感情的表现，强调戏剧性、流动感、夸张性等特点，一反文艺复兴鼎盛期以前的含蓄、庄严、均衡，追求豪华、浮夸与矫揉造作的表面效果，成为当代西方后现代主义设计模仿的主要对象。

巴洛克家具的主要特征是用扭曲的腿部来代替方木的腿，强调家具本身的整体性和流动性，追求大的和谐韵律效果，也较舒适。

图 4-6-3 洛可可设计风格

4.6.3 洛可可风格的特点

在古典主义之后，随着君权衰落，法国出现了洛可可风格（图 4-6-3）。洛可可（Rococo）原意指岩石和贝壳，最初是室内设计的风格，后来渗透到家具设计方面。洛可可家具注重曲线特色，沙发扶手、靠背、椅腿与画框大都采用细致典雅的雕花，椅背的顶梁有玲珑起伏的“C”形和“S”形涡卷纹或贝壳纹雕花，椅腿有弧弯式并配有兽爪抓球的动态。

洛可可风格在构图上有意强调不对称，以流畅的线条和唯美的造型著称，它带有女性的柔美，体态和华丽和烦琐的装饰。洛可可装饰题材有自然主义倾向，喜欢用千变万化的草叶。

洛可可风格是巴洛克式风格的延续，同时也是中国清式风格影响的结果。在法国，洛可可又称为中国装饰。当洛可可和巴洛克追求形式完美的装饰达到登峰造极之时，欧美设计只好一再重复历代设计的旧调，进入一个由历史式样走向近代工业设计的混乱过渡期。

4.7 西方工业革命与设计

从 1750—1914 年底第一次世界大战爆发，资产阶级革命的胜利及工业革命的发展促进了资本主义思想的传播，解放了生产力，带来了新技术、新材料，引起了设计思想及风格的变化。

资本主义经济的发展是工业革命的前提。工业革命首先在英国爆发，并很快席卷整个欧洲。英国工业革命是从棉纺织业开始，然后扩展到采矿、冶金、交通运输等部门。瓦特改良蒸汽机的制成及广泛使用，把人类带进了“蒸汽时代”（图 4-7-1）。

工业社会早期，钢铁和工业材料大量使用，生产机械化，产品标准化，产品成本降低。但初期的工业产品外观粗糙，没有手工艺的精美和活力，人们生活方式单调，缺乏人性的发展，受到人文主义者的反对。

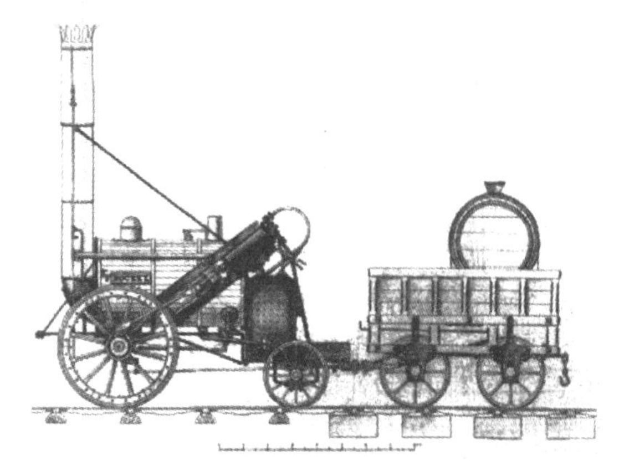
图 4-7-1 蒸汽机动力

4.7.1 西方 18—19 世纪的设计状况

这一时期的设计风格存在两种倾向：一是为大众服务的设计，主要指民间手工艺人的设计，其外形粗糙；二是以欧洲 18 世纪农业经济为背景的贵族设计，以自我享受为中心，设计风格烦琐俗气、华而不实，主要流行新古典主义、浪漫主义、折中主义。

新古典主义是指资本主义初期表现在文化上的博爱、平等、自由等思潮，希腊、罗马的古典建筑成了当时制作的源泉。1750 年罗马庞贝遗址的发掘，使人们认识到古典理性主义的艺术质量远远超过巴洛克、洛可可等繁饰的装饰，于是开始追求典雅、简洁、节制的品质。新古典主义追求合理的结构和简洁的形式，其产品实用、朴素、理性，今天看来亦很时髦（图 4–7–2）。

图 4–7–2　新古典主义风格的巴黎凯旋门

浪漫主义是指 18 世纪上半叶至 19 世纪上半叶欧洲的另一种艺术思潮，其兴起于小资产阶级，与没落贵族的复杂心情密切相关。它反对工业化带来的恶果，反对机械化生产，回避现实，追求中世纪的田园生活情趣，崇尚各国古老的文化传统。

折中主义产生于 19 世纪上半叶，这种风格的主要特征是集各种古典式样于一身。

4.7.2　欧洲机械化与美国制造体系

1. 机械化带来的欧洲设计思想混乱

一方面，欧洲工业革命和技术革新带来标准化批量生产，工业生产的机械化是大势所趋，设计成了生产过程中的一个环节；另一方面，欧洲生产长期基于手工艺传统，旧有的设计思想根深蒂固，认为机械化产品无美可言。两方面的矛盾，造成很长一段时期设计思想的混乱。

2. 美国的设计与制造体系

18 世纪的美国仍是一个农业国家，到 19 世纪中叶工业迅速发展，新的生产方式确立了现代工业化批量生产的模式和工艺特点。美国设计不像欧洲设计那样受文化、道德局限，而仅由生产过程、市场需求支配，以一种比欧洲更实用的方式去发展。其典型代表是汽车工业创始人福特的汽车设计，福特的汽车生产线在增加产量、减少成本方面产生了很大的影响（图 4–7–3）。在设计风格上，著名的 T 形小汽车简洁、稳重，去掉了多余的修饰。

图 4–7–3　福特汽车公司 T 形轿车自动化流水装配线

4.7.3　英国“水晶宫”国际博览会

工业革命带来生产技术的根本变革，不断涌现出新材料、新设备和新技术，为近代设计开辟了广阔的前途。作为工业革命的发源地，英国政府决定举办一次世界性的工业产品博览会，炫耀英国工业革命的成果，同时也试图改善公众的审美情趣，以制止对旧风格的无节制模仿。

1851 年，英国由维多利亚女王和她的丈夫阿尔伯特公爵发起，在伦敦海德公园举行了世界上第一次国际工业博览会。此次博览会的主建筑用 30 万块玻璃和钢筋构成“水晶宫”，其轻、光、透、薄，在建筑史上有划时代的意义，在新材料和新技术上达到了一个新高度（图 4-7-4）。在装饰风格上，“水晶宫”摈弃了古典主义的装饰，实现了形式与结构、功能的统一，向人们预示了一种新的建筑方式，开现代建筑的先河。

但博览会的展品却与建筑外形形成鲜明对比。展品中的工业产品外形相当粗陋，设计者把手工业产品上的某些装饰直接搬到机械产品上，显得不伦不类，极不协调。

图 4-7-4 “水晶宫”国际工业博览会

4.8 工艺美术运动

4.8.1 工艺美术运动的发生背景

“水晶宫”博览会在致力于设计改革的人士中兴起了分析新美学原则的大讨论，导致了工业设计思想的萌芽。其典型代表是英国文学评论家约翰·拉斯金。他认为“真正的艺术必须为人民创作”，主张观察自然，提出了设计的实用性目的。拉斯金的理论为当时的设计家提供了思想依据，英国的威廉·莫里斯深受影响，并通过自己的设计实践体现了拉斯金的理论。他带动的工艺美术运动在 19 世纪上半期成为欧洲最重要的设计运动。

莫里斯曾与韦伯合作，设计了自己在伦敦郊区肯特郡的新婚住宅，一反中产阶级住宅的对称布局，建筑结构采用红色的砖瓦，完全暴露，没有表面粉饰，被广泛称为“红屋”（图 4-8-1）。莫里斯还自己动手设计了家庭内部的用品，墙纸、地毯、灯具、餐具等都具有浓厚的哥特式特色。莫里斯的设计作品和理论引发了英国的工艺美术运动（Art & Craft Movement）。

图 4-8-1 莫里斯及其设计的“红屋”

4.8.2 工艺美术运动的风格特点

莫里斯主张美术家与工匠结合，认为这样才能设计出既有美学质量，又能为群众使用的工艺品。他一生始终厌恶机器和工业，但也反对沿袭旧传统，重视“向自然学习”。在 1860 年前后，莫里斯和他的两个朋友开设了自己的设计事务所，其所做的设计具有非常鲜明的特征，也就是后来被称为工艺美术运动风格的特征。这个风格具有以下几个特点：

（1）强调手工艺，反对机械化的生产。

（2）在装饰上反对娇揉造作的维多利亚风格和其他古典、传统的复兴风格。

（3）提倡哥特风格和其他中世纪的风格，讲究简单、朴实无华、功能良好。

（4）主张设计上的诚实、反对设计上的哗众取宠、华而不实。

（5）装饰上推崇自然主义、东方装饰和东方艺术的特点。

受莫里斯影响，英国有不少设计家组织自己的设计事务所，称之为“行会”（guild），其中最著名的是马克穆多（A.H.Mackmurdo，1851—1942）创建的世纪行会和阿什比（C.R.Ashbee，1863—1942）的手工艺者行会。他们的设计宗旨和风格与莫里斯一样反对娇揉造作的维多利亚风格，反对设计上的权贵主义，反对机械和工业化，力图复兴中世纪手工艺行会的设计与制作一体化方式，复兴中世纪的优雅、朴实和统一（图 4-8-2、图 4-8-3）。

图 4-8-2 马克穆多设计的椅子

图 4-8-3 阿什比设计的银碗

4.8.3 工艺美术运动的发展与局限

1888 年英国一批艺术家与技师组成了“英国工艺美术展览协会”，定期举办国际性展览会，并出版了《艺术工作室》杂志，提出“美与技术结合”的原则，强调“师从自然”并崇尚哥特式风格。莫里斯的工艺美术思想广泛传播并影响欧美各国。1880—1910 年间形成了一个设计革命的高潮。

工艺美术运动对于设计改革贡献巨大。但是，由于工业革命初期英国盛行浪漫主义的文化思潮，人们对工业化的意识认识不足，英国工艺美术的代表人物始终站在工业生产的对立面。进入 20 世纪，英国工艺美术运动又转向追求形式主义的表面装潢效果。结果使英国的设计革命未能顺利建立起现代工业设计体系。而欧美一些国家从英国工艺美术运动得到启示，又从其缺失处得到教训，设计思想的发展快于英国，在现代工业中后来居上。

4.9 新艺术运动

19 世纪末 20 世纪初，英国工艺美术运动在德、法、比、奥、意等国产生强烈反响，引起了一场长达 10 余年的新艺术运动，其产生背景与工艺美术运动一样都是对工业化的强烈反映，都反对矫饰的维多利亚风格和过分装饰的传统风格，采用动植物等自然装饰元素，实际上也都只是为少数权贵服务。不同的是，工艺美术运动以哥特风格为参考，而新艺术则放弃任何传统风格，装饰基本来源于自然形态。

新艺术运动中的艺术家们从自然界里提取出基本的线条并用它进行绘画和设计。艺术家们根据需要以浪漫的手法使蝴蝶花、百合花、牵牛花等的茎、叶和花瓣互相缠绕、延伸和弯曲，以至抽象和变形。白天鹅和孔雀等几十种人们喜爱的禽鸟也成为艺术家们的创作来源。这种风格几乎运用在绘画、雕塑、建筑、家具、服装、广告等所有造型艺术上。

新艺术运动在意大利被叫做自由风格，在德国则称为青年风格，在法国叫做新艺术。虽然名称不同，但在产生的根源、时间、思想、影响等来看属于同一场运动。

4.9.1 法国的“新艺术”起源

法国的新艺术历时 20 余年，所有国家中持续最久，并形成了巴黎和南锡两个中心。巴黎影响最大的有：萨穆尔・宾的“新艺术之家”、“现代之家”及以赫克拉・吉马德为首的“六人集团”。萨穆尔・宾受东方文化的影响，与“现代之家”的中心人物朱利斯・迈耶一样具有强烈的自然主义倾向（图 4-9-1）。“六人集团”的赫克拉・吉马德最有影响，他曾为巴黎地铁设计车站及内部装饰，采用青铜材料，运用卷线、植物茎叶、动物图案以及贝壳形，具有鲜明的“新艺术”风格（图 4-9-2）。南锡的代表人物是埃米尔・盖勒，其同样主张师从自然，并提出家具设计主题应与功能吻合。

图 4-9-1 萨穆尔・宾的画廊正面

法国新艺术在陶瓷上亦有很大反映，大量作品采用日式装饰方法，同时有两大特征：一是将陶瓷仿雕塑名作并编辑成套；二是把陶瓷运用到建筑物中。

法国亦是现代商业广告的发源地，其广告深受日本浮世绘风格影响。这一时期有了专门从事广告设计的人员，他们以商业为目的进行设计，并迈出了科技与艺术结合的一步。

就在法国新艺术运动如火如荼的时候，埃菲尔铁塔（图 4–9–3）的出现却成为现代美学与新艺术运动的一次正面交锋。铁塔由工程师埃菲尔设计，于 1887 年落成，塔高 320 米，总重量 7000 吨。它的初衷是为了纪念万国博览会在巴黎举行，以及法国革命 100 周年。铁塔初建时，遭到了各方非议和反对，但今天已成为巴黎的象征而闻名于世。

图 4–9–2　赫克拉·吉马德设计的巴黎地铁入口与住宅入口

图 4–9–3　埃菲尔铁塔

4.9.2　比利时的新艺术运动

比利时是欧洲大陆工业化最早的国家之一。19 世纪初，布鲁塞尔就成为欧洲文化和艺术的中心。比利时新艺术运动将理想主义、功能主义的理想与设计革命结合起来，提出“人民的艺术”的口号。比利时的设计运动以凡·德·威尔德（Henry Vaande Velde）（图 4–9–4）领导的“自由美学社”为中心展开，其主要成员还有博维及霍塔。

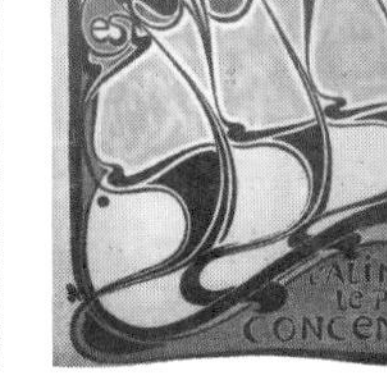

图 4–9–4　凡·德·威尔德设计的银质刀叉、招贴与标志

威尔德是新艺术观念的传播者，主要从事家具与室内设计，其作品非常讲究功能性，对法、德现代设计有重要影响。1906 年，他担任魏玛市立学校（包豪斯前身）校长，提出了设计三原则，即结构合理、材料准确、工序清楚。凡·德·威尔德的思想已突破了新艺术只追求形式改变的局限，开始承认机械，促进了现代设计理论发展，其影响远远超出了

比利时本国的范围。

霍塔在建筑中大胆运用钢铁、玻璃及有韵律感的曲线纹样，人称“比利时线条”或“苏更线”。1893 年，霍塔在布鲁塞尔都灵路 12 号建的“霍克旅馆”是新艺术风格的经典（图 4-9-5）。

4.9.3 英国的新艺术运动

英国工业革命之后，钢铁、水泥和平板玻璃等大量新的建筑材料涌向市场，产生了新技术和新的表现形式。当时苏格兰的重要港口城市格拉斯哥出现了以横向和纵向的直线按音乐节奏有规律结合的作品，成为了新艺术风格的又一重要特征。由麦金托什（图 4-9-6）、麦克奈尔和麦克唐纳姐妹组成的“格拉斯哥四人集团”是这种新风格的代表。他们不再反对机器和工业，也抛弃了英国工艺美术运动以曲线为主的装饰手法，改用直线和简洁明朗的色彩，形成自己的独特风格，打破了英国设计界长期以来的沉闷气氛，其主要建筑有风山住宅、格拉斯哥艺术学院等。

图 4-9-5 “霍克旅馆”

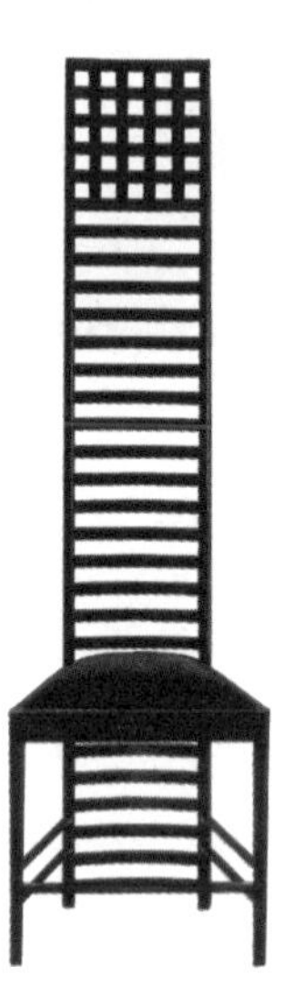

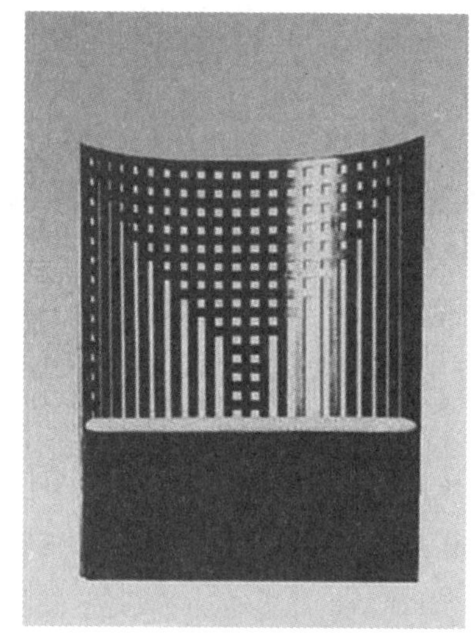

图 4-9-6 麦金托什设计的高直椅子

4.9.4 奥地利的新艺术运动

早在 19 世纪中叶，奥地利在家具设计方面就初见成效。其中最著名的是索内特。他的椅子以多层压板做成，促进了木质椅子的发展。从 1859 年开始生产的 14 号椅子（维也纳椅）是索内特家具最有代表的作品，其轻快纤巧的形体，优雅自如的曲线，直到今天仍备受关注（图 4-9-7）。

在新艺术运动中，奥地利形成了以维也纳艺术学院教授瓦格纳为首的维也纳学派。瓦格纳 1895 年出版的专著《论现代建筑》提出，新建筑要来自生活，表现生活。他认为不实用的东西是不可能美的，其从时代的功能与结构形象中产生的洁净风格具有强大的表现力。

图 4-9-7 维也纳椅

瓦格纳的作品和观念影响了一批年轻的建筑师，1897 年，瓦格纳的学生霍夫曼、莫瑟和奥尔布里奇为首成立了维也纳分离派，极力提倡与历史式样分离，追求新的创新精神。

4.9.5 西班牙的新艺术运动

西班牙新艺术运动的发展较为极端，集中体现在“精神上的贵族、感情上的平民”的建筑家安东尼奥·高迪身上。高迪在设计上有浓烈的自由主义思想，其推崇“不要毫无选择地吸取过去的风格”。高迪早期的设计有文森公寓、居里宫等。高迪后来投入了毕生精力对圣家族教堂进行设计，具有强烈的雕塑式艺术表现特征，是世界知名的“有机风格”代表作。然而高迪突然过世，该建筑至今还没有完成。高迪的另一件作品“米拉公寓”，整体如一个融化的冰激凌，从外到内都不用直线和平面，称得上是新艺术有机形态发展到最极端的代表作品（图 4-9-8）。

圣家族教堂

米拉公寓

图 4-9-8 高迪作品

4.9.6 美国的芝加哥学派

19 世纪 70 年代，正当欧洲设计界正为艺术与技术、伦理与美学、装饰与功能的关系而困惑时，美国则以其独立自主的精神朝自己的方向前进，其中一些商业建筑师组成“芝加哥学派”。其第一代中坚人物是沙利文，他曾提出“有机建筑”、“功能决定形式”的论点，即整体与细部、形式与功能有机结合。高层、铁框架、横向的“芝加哥窗”、简单的立面成为“芝加哥学派”的建筑特点。“芝加哥学派”积极采用新材料、新技术、新结构，创造了具有新风格、新样式的建筑。第二代芝加哥学派的代表是沙利文的学生：赖特，他积极倡导机器与新材料，在建筑中大胆独创钢筋水泥结构。“流水别墅”（图 4-9-9）、“草原式”住宅、古根海姆美术馆都是他极负盛名的作品。

图 4-9-9 赖特设计的流水别墅

美国这种大胆活用机械与新素材的努力与成果，为 20 世纪初欧洲针对合理设计的探索活动注入了一股活力，为后来的国际现代主义的产生开辟了道路。

4.10 装饰艺术运动

装饰艺术运动（Art Deco）是 20 世纪 20—30 年代的欧美设计革新运动。在大工业迅速发展中，手工业生产的新艺术运动已不能适应机械化生产。以法国为首的各国设计师纷纷肯定机械生产，对新技术、新材料的形式美进行探索，使其产品在机械化生产中更加美化。

装饰艺术运动是工艺美术运动和新艺术运动的延伸，起源于 1925 年的“巴黎国际现代工业装饰艺术展览会”，受现代派美术、俄国芭蕾舞台美术、汽车工业等影响，几乎与现代主义设计运动同时发展，无论是从材料、形式还是风格上都受到现代设计运动和未来派的影响，但其依然是传统的装饰运动，与强调为大众服务、大批量生产的现代设计有区别。

“装饰艺术”结合了因工业文化而兴起的机械美学，以几何、机械的线条来表现，如齿轮或流线型线条、扇形辐射状太阳光、对称简洁的几何构图等，并以红色、蓝色、橘色、金色、银白色以及古铜色等明亮且对比强烈的颜色来彩绘。同时，随着资本主义向外扩张，远东、希腊、罗马、埃及与玛雅等古老文化的物品或图腾也成了其装饰的来源。装饰艺术运动还采用机械、钢筋混凝土、强化玻璃、合成树脂等新材料，既有现代设计特征，又有装饰趣味。

4.10.1 法国的装饰艺术运动

法国是欧洲重要的艺术中心之一，传统因素较强，同时，殖民掠夺的财富使法国设计呈现权贵与精英主义。装饰艺术运动在法国起源，20 世纪 20—30 年代形成高峰，于第二次世界大战爆发前衰落。

在家具与室内设计方面，法国受东方风格和现代主义的双重影响，采用贵重的材料和象牙、青铜、磨漆及其他新材料做主体，以增强家具的豪华程度。在陶瓷器皿设计上法国的装饰艺术主要以人物和强烈的几何图案作为特点，而油彩方面则从中国瓷器中吸收养分。在绘画与平面设计方面，法国成就斐然，代表人物是波兰出生的女画家塔玛・拉・德・比兰卡，其 1924—1939 年之间大量作品风格独特、棱角鲜明、华丽多彩，堪称法国装饰艺术运动中平面设计的泰斗，是象征性立体主义平面风格的最杰出典范（图 4-10-1）。

4.10.2 美国的装饰艺术运动

美国受传统束缚较小，更容易接受新的风格。20 世纪 20 年代以来，美国经济发达，大量富裕的中产阶级急需各种消费品满足物质需求和奢侈的心理需要，装饰艺术运动得到充分的发展。同时，装饰艺术运动还受到百老汇歌舞、爵士乐、好莱坞电影等大众文化的熏陶，受到汽车工业和商业氛围的影响，形成独具特色的装饰风格，尤其在建筑、室内、绘画、家具等方面表现突出。主要代表为纽约电话公司大厦、克来斯勒大厦

(图 4-10-2)。克来斯勒大厦将现代主义的结构方法与“装饰艺术运动”的装饰手法相结合，是美国装饰艺术运动风格建筑手法的集中体现。美国装饰风格 20 世纪 30 年代传至欧洲，使欧洲的装饰艺术风格更加丰富。

图 4-10-1 塔玛·拉·德·比兰卡作品

图 4-10-2 克来斯勒大厦

4.10.3 英国的装饰艺术运动

英国装饰艺术风格始于 19 世纪 20 年代末，突出表现在大型公共场所的室内设计和大众化的商品的包装上。伦敦的克拉里奇饭店的宴会厅、房间、走廊和阳台，奥迪安电影公司的大量电影院等都表现出英国装饰艺术风格与好莱坞风格的结合(图 4-10-3)。

4.10.4 装饰艺术运动的评价

“装饰艺术”虽然主要的发展国家只是法国、美国和英国，但却成为世界流行的风格，甚至东方的上海都可以找到其踪迹，因为它本身的折中立场为大批量生产提供了可能性。装饰艺术运动与现代主义运动几乎同时发生与结束，但装饰艺术运动主要强调为上层顾客服务，与现代主义具有完全不同的意识形态立场。

装饰艺术运动是装饰运动在 20 世纪初的最后一次尝试，是对矫饰的新艺术运动的一种反动，它采用手工艺和工业化的双重特点，把奢侈的手工艺制作和工业化特征合二为一，产生一种可以发展的新风格。装饰艺术运动从材料的运用到装饰的动机到表面处理技术，都有不少可借鉴和学习的地方，它的东方和西方结合、人情化与机械化的结合的尝试，更是 80 年代后现代主义重要的研究内容，对于它的了解和研究具有更加重要的意义。

图 4-10-3 克拉里奇饭店

4.11 现代主义设计

第一次世界大战后，欧洲各国经济困难，促进了讲求实效的倾向。同时，工业和科学技术的发展带来更多新的材料、结构和设备。另外，第一次世界大战的惨祸和俄国十月革命的成功在社会思想意识领域引起强烈震动，出现许多新学说和新流派。20 世纪头 30 年，世界范围内，特别是欧美国家展开了现代主义运动，强调理性主义及客观精神。勒・柯布西耶是现代主义建筑的主要倡导者，他在 1923 年出版了《走向新建筑》，提出"住宅是居住的机器"。密斯・凡・德・罗是现代主义的杰出代表，他提出了"少即是多"的理论，反对过度装饰。

现代主义以理性思考取代新艺术运动那种狂热的梦想，科学性取代了艺术性，被称为"机械化的设计美学"。影响现代主义风格的一项重要因素是建筑技术的发展。现代主义重视建筑的功能，讲究设计的科学性，发挥新型建材和建筑结构的性能特点，突出建筑设计的经济性，力图以最低的人力、物力达到最大限度的完美。

4.11.1 现代主义设计的主要流派

1. 野兽派与未来主义

20 世纪初，一些艺术家追求不受传统束缚的自由奔放的艺术制作，这个动向的导火线是主张将一切束缚从艺术家身上解除的野兽派（Fouvism）。野兽派名称来自 1905 年巴黎秋季沙龙展出的马蒂斯等人的画作，以二度空间的平面手法呈现出色彩强烈的风格（图 4-11-1）。而与此对立的立体主义画派（Coubism）则主张从造型上表现对象世界，趋向于与机器美学相联系的几何化。还有一个形成于第一次世界大战前意大利的未来主义（Futurism），它否定一切文化传统，表现机械文明下的速度、运动、暴力。立体主义和未来主义都把机器作为一种艺术品来表现，必然对设计产生影响。

图 4-11-1 马蒂斯作品《红色的餐桌》

2. 荷兰风格派运动

风格派运动是以荷兰为中心的活跃于 1917—1931 年间的一场国际艺术运动。它从立体主义走向完全抽象，主张以几何形象作为艺术的基本结构，以直线、原色、简单数学计算作为绘画的手段，为机械化生产提供了基础。风格派的组织者是陶斯柏，此外还有画家蒙德里安、建筑家奥德、设计家里特・维尔德（图 4-11-2）。维系此集体的是《风格》杂志。"风格"在荷兰还有立柱结构的含义，所以把各种部件通过联系，组成新的、有意义的结构是"风格派"的关键。

风格派的出发点，是绝对抽象的原则，完全消除与任何自然物体的联系，而用基本几何形象的组合和构图来创造一个新的世界秩序。荷兰风格派的几何和精确的计算表达了人类精神支配变幻莫测的大自然的胜利，以及寓美于简朴之中的思想。

3. 俄国构成主义运动

构成主义运动发展于第一次世界大战前后的俄罗斯，1919 年，马列维奇等艺术家成立了激进的团体“宇诺维斯”（UNOVIS），发展了一种在白色背景下进行几何构图的抽象艺术，力图表现有新材料特点的空间结构。俄国十月革命胜利后，苏联艺术家以抽象的雕塑结构来探索材料的效能，并将产品、建筑与文化联系起来，使构成主义进入了实用设计的范畴。其中爱森斯坦创造了构成主义式的电影剪辑手段——“蒙太奇”，影响了西方的电影制作。另外，伊万·列昂尼多夫提出的“技术观点”是当时世界上各种现代主义观点中最令人激动、最前卫的一种。构成派的代表作是费拉其米尔·塔特林 1920 年设计的第三国际纪念塔（图 4-11-3），这座塔比埃菲尔铁塔还要高，以新颖的结构和钢材的特点体现其政治信念，象征意义比实用性更突出。

图 4-11-2　里特·维尔德的红蓝椅

图 4-11-3　第三国际纪念塔

4. 美国的现代制造体系

为了适应机器的大规模生产，美国发展了一种新的生产方式，其特点是：标准化产品的大批量生产；产品零件的可互换性；使用大功率机械装置等，这就是所谓的“美国制造体系”。

19 世纪的发明也带动了美国工业的发展，如真空吸尘器、缝纫机、打字机（图 4-11-4）和洗衣机等家用电器产品，比欧洲早了几十年。19 世纪末期，美国举行了各种大型博览会，如 1893 年的芝加哥世界博览会、1903 年的圣路易博览会等，机械化的进步发展已得到大众的认可。美国大规模批量化、标准化的生产方式，以及与之相适应的工艺技术和管理模式、市场体系等都为现代设计奠定了基础。

图 4-11-4　世界上第一台打字机

5. 德意志制造联盟

德国原是后进国家，但很注意吸取别人的经验教训，为了将产品打入世界市场，他们特别注意产品质量和设计。德国建筑师穆特休斯1907年在慕尼黑成立了一个旨在促进设计的半官方机构“德意志制造联盟”（DWB）。该联盟由一群热心设计教育与宣传的建筑师、艺术家、设计师、企业家和政治家组成，明确提出艺术、工业、手工艺相结合，主张功能主义，反对任何形式的装饰，主张批量化、标准化生产，实现了德国工业设计史上真正在理论和实践上的突破。德意志制造联盟在第一次世界大战期间举办了很多有影响的展览，并逐渐将目光投向国外，1934年该联盟中断，后又于1947年重新建立。

比利时籍设计师威尔德（Henryvande Velde，1863—1957）是制造联盟的创始人之一，但他主张设计不该被某些固定法则约束，在制造联盟内部与穆特休斯产生了对立。另一位值得一提的是贝伦斯。他是现代建筑最早的奠基人，其一度担任通用电器公司（AEG）的艺术顾问，他为AEG设计的机械车间，造型简洁，是“第一座真正的现代建筑”。贝伦斯为AEG设计的视觉系统，开现代企业形象识别系统设计的先河。贝伦斯还是一位设计教育家，培养出了格罗皮乌斯、密斯、柯布西耶3位20世纪最伟大的现代建筑师和设计家。

4.11.2 包豪斯学校始末

包豪斯是德语Bauhaus的译音，由德语Hausbau（房屋建筑）一词倒置而成。其奠基人是贝伦斯的学生格罗皮乌斯（Walter Gropius），1919年开办包豪斯学校时，格罗皮乌斯年仅36岁（图4-11-5）。之后的14年间，包豪斯共接纳了1250名学生和35名全日制教师在包豪斯学校学习、工作，包豪斯把“无所不在的建筑”作为自己综合的艺术作品，并出版了一套14本的设计教育丛书。

图4-11-5 格罗皮乌斯及包豪斯学校

包豪斯学校的建立，标志着人们对现代设计认识的进一步深化并日趋成熟。在办学的14年中，包豪斯的师生们设计制作了一大批对后来有着深远影响的作品与产品，并培养出一批世界第一流的设计家。包豪斯对现代设计的发展有着不可磨灭的贡献，被称为现代设计的摇篮。

1. 魏玛时期的包豪斯

第一次世界大战后，德国经济萧条，社会极为混乱，艺术家、设计家、工程师渴望合作，谋求设计和生产的发展。1919年，格罗皮乌斯被任命为魏玛工艺学校及美术院的校长，后来他将两校合并为包豪斯学校。包豪斯旨在打破艺术家与工业技师的界限，其宗旨有：艺术与工程合一；强调设计的目的是人而非生产；强调设计教育必须遵循自然与客观的法则。这些观点对工业的发展起到了积极作用，使现代设计逐步由理想主义变为现实主义，用理性的、科学的思想来代替艺术上的自我表现和浪漫主义。

包豪斯教学采用知识和技术并重的教育方法，施行 3 年半的工厂学徒制，包豪斯早期的基础课教师有俄国人康定斯基、瑞士人克利和伊顿、美国人费宁格等。他们为设计教育奠定了三大构成的基础，也意味着包豪斯开始由表现主义转向理性主义。1923 年，包豪斯举行了第一次展览会，取得了很大的成功。

1924 年德国选举立法机构，右翼分子取得大多数席位，包豪斯在魏玛的社会关系开始恶化，为了生存，包豪斯迁往当时工业已相当发达的小城迪索。

2. 迪索时期的包豪斯

迪索是一个重要的煤矿中心，周围有众多重要的企业，急需发展自己的设计教育来适应经济发展的要求。迪索市长一方面希望包豪斯能提高迪索的设计水平，促进工业的发展，同时也希望借此表达他的社会主义立场。

迁到迪索后，包豪斯进一步发展，取消了双轨制，重新修订并扩充了课程。格罗皮乌斯从 1925 年开始设计包豪斯校舍，1926 年，包豪斯正式改名为“包豪斯设计学院”，其形象和目的性变得非常鲜明。1926 年格罗皮乌斯着手组织建筑系。1927 年建筑系开始招生。这个系由建筑师汉斯・梅耶（Hannes Meyer）主持（图 4-11-6）。1928 年，迫于右派势力对包豪斯的攻击，格罗皮乌斯辞职，由梅耶接任校长。梅耶重视学院的经济来源，与企业加强联系，一方面给学生提供实习机会，另一方面也创造了收入。梅耶在包豪斯的理论课程中加上了社会科学内容，并组织各种政治讨论，把学校的政治空气推到一个前所未有的高度。迫于社会的压力，1930 年梅耶被迫辞职，由密斯・凡・德・罗（图 4-11-7）担任第三任校长。

图 4-11-6　汉斯・梅耶

图 4-11-7　密斯・凡・德・罗

3. 柏林时期的包豪斯

1931 年，纳粹党控制了迪索市的议会，1932 年 9 月，迪索政府通知包豪斯关闭。包豪斯关闭以后，有两个德国社会民主党执政的城市邀请学院迁去，但密斯已决定把学院迁移到柏林，作为一个私立学院开业。学院全称改为“包豪斯独立教育与研究学院”。1933 年德国纳粹政府上台后不久，就发出关闭包豪斯的命令。1933 年 8 月 10 日，密斯通知大家：包豪斯永久解散！包豪斯结束了 14 年的办学历程。

4. 解散之后的包豪斯

包豪斯被封闭以后，包豪斯的优秀教育家们被纳粹纷纷放逐，康定斯基去了巴黎，克利去了瑞士，其他人多去往美国。他们也把包豪斯的设计教育试验带到世界。格罗皮乌斯则到哈佛大学担任了建筑系主任，密斯在伊利诺斯工业技术学院担任教授，纳吉在芝加哥成立了新包豪斯，即“芝加哥设计学院”。第二次世界大战后，德国的设计教育继承了包豪斯的一整套体系。1956 年至 1968 年乌尔姆设计学院作为战后的包豪斯，培养了大量优秀的设计人才，毕业生大多在德国各大企业位居重要职位。

5. 包豪斯的长远影响

包豪斯在长达 14 年的发展中实现了艺术与技术的统一，打破了纯艺术与实用艺术间的界限，在艺术和工业的思想指导下，特别重视机械化批量生产和设计之间的密切关系，形成了鲜明的设计风格。受构成派和风格派直接影响，包豪斯高度追求几何图形的结构完整与平衡感，追求色彩的明快、单纯，同时主张功能第一、形式第二，其风格对欧美影响深远（图 4-11-8）。然而其过于严格的几何造型和对工业材料的片面追求使产品非常冷漠，缺乏应有的人情味，这是其局限性。

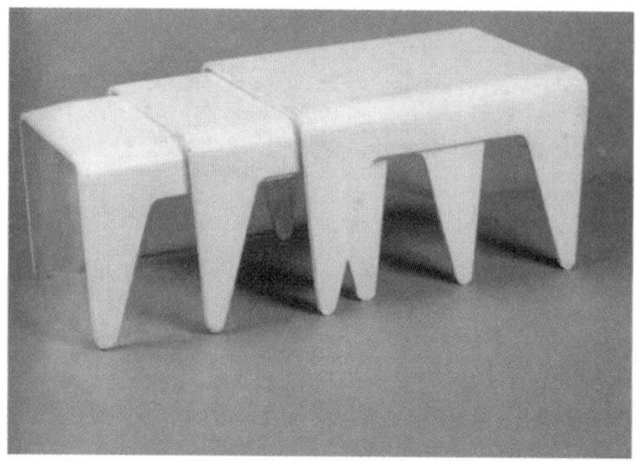

图 4-11-8 包豪斯设计作品

在教学上，包豪斯的教学体系强调理论和实践结合，认识到既要进行技术、艺术和材料的合理设计，又要适应社会需要，并提倡集体创作。同时，包豪斯认识到“技术知识”可以传授，“创作能力”只能启发的事实，为现代设计教育提供了良好的规范。世界现代设计的教育体系中，从基础课程的安排、理论课程的比例等方方面面都有包豪斯的痕迹和影响。

4.12 设计多元化与后现代主义

第二次世界大战后，被视为理所当然的现代主义和它的价值观受到严峻的挑战。第一次挑战来自 20 世纪 60 年代的波普设计，第二次挑战来自 70 年代的后现代主义。在日益发展的社会经济和千变万化的市场需求下，单调的设计风格已无法适应不同的市场和消费者，人们用挑剔的眼光重新审视现代主义，进入了多种设计思想与表现方式并行的时代。

4.12.1 多元化的来临

20 世纪 40~50 年代，欧美的设计主流是在包豪斯理论上发展起来的现代主义。现代主义设计非常强调标准化，并依赖庞大而均匀的国际市场。随着经济复苏，西方在 50 年代进入了消费时代，以各种各样的市场同时并存的后工业社会开始，现代主义虽仍在发展，但其一统天下的时代已经过去。不同的文化群体有其特定的行为、语言、时尚、传统和消费需求，形形色色的设计风格和流派此起彼伏，促进了设计多元化的繁荣，其中有稳健的主流，有先锋的试验，也有历史的复古。新一代的设计师开始向现代主义提出了挑战，成了设计走向多元化的起点。

4.12.2　波普设计运动

现代主义设计的理性特点到60年代已引发人们的不满，尤其是战后成长起来的年轻一代，他们把色彩单调、造型简单、功能突出的机械产品理解为呆板、乏味的东西，希望出现丰富多彩的产品。英国的波普（POP）设计顺应这种消费需求而发展起来，并很快就影响到其他国家的设计，成为一种潮流。波普设计带有强烈的反现代主义色彩，主要是增加产品的多样性和趣味性。

在英国，波普的产品、家具和平面设计都非常出色。除鲜艳的色彩和奇特的造型外，其特色主要还表现在装饰手法上，它们被运用在日用品和家具上，充满了战后成长起来的新生代的兴奋和反叛（图4-12-1）。

4.12.3　“反设计”运动

工业生产自动化水平的提高，进一步促进了小批量多样化的生产形式，严重地动摇了现代主义的批量化、标准化的统一模式。1972年，日本设计家山崎实（MinorM Yamasaki）采用典型现代主义风格为美国所设计的低收入住宅区被全部炸毁，标志着现代主义走向衰落。在这种背景下，20世纪60年代末产生了否定现代主义的一系列“反设计”运动。

“反设计”有意识地对产品的尺度和形态加以变形夸张，采用怪异的颜色、视觉上的双关语和功能价值的隐喻处理等手法，追求新奇怪异的效果和大胆艳俗的色彩。索特萨斯设计的卡尔顿书架（图4-12-2），即是“反设计”的典型作品。“反设计”风格上受到现代美术流派，特别是波普艺术的影响，其运动一直持续到80年代，然后被“后现代”设计所取代。

图4-12-1　英国波普风格的服饰设计

图4-12-2　索特萨斯设计的卡尔顿书架

4.12.4 后现代主义设计

后现代主义设计是后现代主义的一个分支，是一场反对传统的现代主义设计思想、理念和方法的思潮和运动。后现代设计以其亮丽的色彩和轰动的展示效果一时成为热点。罗伯特·文杜里反对“少即是多”（less is more）提出“少令人生厌”（less is bore），主张在设计中吸收当代各种文化精神，在其《建筑的复杂性与矛盾性》（1966）中最早明确提出反现代主义的设计思想。查尔斯·詹克斯为确立建筑设计的后现代主义理论作出了重要贡献。他著有《后现代主义》、《后现代主义建筑语言》，详尽地列举和分析了一些新潮建筑，并把它们归于后现代主义范畴，最早提出了建筑和设计的后现代主义概念，使后现代主义一词开始广为流传。

后现代主义设计具有以下特征：①反对设计单一化，主张设计形式多样化；②反对理性主义，关注人性，主张以游戏的心态设计；③强调形态的隐喻、符号和历史的文化，注重设计的人文含义；④关注设计作品与环境的关系，提出设计要人性、绿色、环保。

后现代主义的设计风格很多，如高科技风格强调技术特征及高品位。还有减少主义风格，其简单而典雅的几何造型有别于现代主义的刻板。还有微型建筑风格，搬用建筑形式来设计家具（图 4-12-3）。还有微电子风格（又称为新功能主义、新减少主义），产品尺寸小而薄，外形简洁、明快。还有解构主义风格，重视结构的基本部件，重组成破碎空间和形态，实质是对结构主义的破坏和分解，是对正统原则与标准的否定和批判。

图 4-12-3 后现代主义建筑风格

但后现代设计并没有改变现代主义设计的实质，相对于现代主义设计坚实的思想基础和理性化的特征，后现代主义设计是极为脆弱的。它对现代主义设计的挑战基本上只停留在风格和形式上，只是在表面上做一些文章，为现代主义设计作一些修正，其关注的只是设计的形式内容，探求在创造的无序中存在的自由性和浪漫性，并没有涉及现代主义设计思想的核心。

4.13 不同国家的设计状况概述

工业化生产带来了彼此一致的廉价的实用产品，但人们已经不再满足于千篇一律的产品，他们看到了地域差异。对于设计来说，地域、经济、历史、文化、环境等因素随着时代发展的过程相互联合，产生了不同地域的不同设计特点与风格。

4.13.1　北欧的设计状况

北欧包括斯堪的纳维亚半岛上的瑞典、挪威、芬兰和丹麦 4 个国家，也常称斯堪的纳维亚设计。北欧四国政治互相独立，民族特征各异，自然环境不同，但它们拥有同一个称谓，显示了他们有着深厚的文化和历史渊源。

北欧设计源于简单实用的传统设计观念，针对普通大众、突出功能，简单实用，最终形成了独具特色的设计风格，产生了一种富于人情味的现代美学。

1. 瑞典的设计状况

瑞典位于北极圈附近，非常寒冷，人们习惯待在家中，他们希望在家居设计舒适而温馨。1930 年的斯德哥尔摩展览会上，设计师布鲁诺 · 马斯逊（Bruno Mathsson）提出了“功能第一”的理念，强调所有美观必须先满足对舒适的要求。这种理念从家具一直延伸到家电、汽车。卡尔 · 马姆斯登（Carl Malmsten）被誉为瑞典现代家具之父。他讲究功能、强调产品中的人情味。瑞典宜家（IKEA）公司在全球 40 多个国家拥有超过 200 家分店，其“简约、清新、自然”的设计思想受到世界各地人们的喜爱，某种程度上成了优质生活的象征。

爱立信公司 1876 年在瑞典创立，1878 年 11 月推出自己的电话机。20 世纪 80 年代末，爱立信将重心由固定电话向移动通信转移，并在 1990 年开始的 GSM/GPRS 网络时代里获得巨大成功。

瑞典沃尔沃（Volvo）汽车设计具有强烈的斯堪的纳维亚传统，高雅、简洁、功能性强，把传统设计与现代技术完美结合，创造出可经受时间考验的极具吸引力的汽车系列（图 4-13-1）。

图 4-13-1　沃尔沃 S60 概念车

2. 芬兰的设计状况

芬兰在现代设计的每个领域都取得骄人的成绩。其本着功能实用、美感创新和以人为本的设计理念，无论建筑还是家具都始终保持朴素自然的设计风格。

从 20 世纪 20 年代末开始，芬兰的现代家具设计就进入了大师时代，成就非凡。著名工业设计师、建筑师阿尔托采用弯曲的胶合板取代钢管来制作家具，作品 Paimio（图 4-13-2）创作于 1931 年，至今还在生产使用，设计生命力极强。

库卡帕罗的玻璃、钢材、塑料家具在 60 年代产量最大，其 1964 年设计的“Karusilli 412 号”被誉为最舒适的椅子（图 4-13-3）。后来他担任了赫尔辛基科技大学校长。

阿尼奥是将“以艺术为本”作为家具设计出发点的浪漫主义大师。他 1968 年设计的“香锭椅”典型地反映出 20 世纪 70 年代自由浪漫的生活气息。他设计了球椅、泡沫椅、香皂椅等多种作品，成为 20 世纪 60 年代以来奠定芬兰国际设计地位的重要设计家之一（图 4-13-4）。

图 4-13-2 阿尔托设计作品 Paimio

图 4-13-3 库卡波罗作品

图 4-13-4 阿尼奥设计作品

芬兰的手机生产商“诺基亚”以其简洁、流畅的完美造型与功能完善、以人为本的设计理念和经久耐用的内在特征获得了世界声誉。

3. 丹麦的设计状况

丹麦设计强调人的活动，把人与人的交往作为人居环境设计的重心，还包括城市、社区、住宅的各个空间层次。

丹麦设计师汉宁森设计的 PH 系列灯具（图 4-13-5）在 1925 年的巴黎国际博览会上获得金牌，至今仍是国际市场上的畅销产品。克林特被称为丹麦家具设计之父，设计出许多极其现代而又充满人情味的“传统家具”。汉斯・维纳是克林特思想的继承者，他 1949 年设计的名为“椅”（The Chair）的扶手椅，成为世界上被模仿最多的作品之一。另一位具有国际性影响的建筑师、设计师雅各布森将刻板的功能主义转变成精练而雅致的形式，1952 年设计的“蚂蚁椅”，1958 年设计的“蛋椅”均取得巨大成功（图 4-13-6）。

图 4-13-5 汉宁森设计的灯具

蛋椅

蚂蚁椅

图 4-13-6 雅各布森作品

4.13.2 美国的设计状况

当欧洲正进行现代主义设计的探索时，美国就基于商业竞争的需要，开始了为企业服务的工业设计运动。工业设计作为一种职业起源于美国。雷蒙・罗维是美国第一代高度商业化的设计师（图 4-13-7），他宣扬现代设计最重要的是经济效益，他的设计公司成为 20 世纪世界上最大的设计公司之一。罗维一直到 1988 年去世前都在从事设计活动，是当代工业设计师中设计生涯最长的一个，也是第一位《时代》周刊封面人物的设计师。

美国早期的著名工业设计师还有提格，1955 年，提格的设计公司与波音公司设计组一起完成了波音 707 大型喷气式客机的设计，创造了现代客机内饰设计的经典，美国总统座机“空军一号”就采用了波音 707 飞机。

图 4-13-7 雷蒙·罗维和他的设计

另一个具有重要影响的是亨利·德雷夫斯，是影响现代电话形式的最重要设计师（图 4-13-8）。他的信念是设计必须符合人体的特征，并于 1961 年出版了《人体度量》，奠定了现代人体工程学。

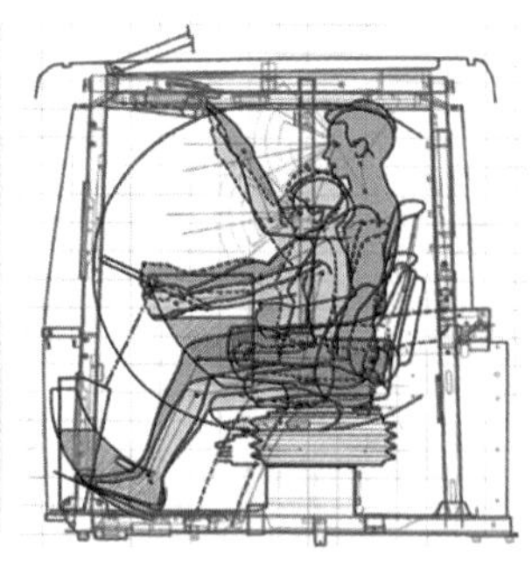

图 4-13-8 德雷夫斯作品

克兰布鲁克艺术学院始建 1932 年，基本以包豪斯的模式进行办学，把艺术与技术、课堂教学与设计实践相结合，培养出大批新一代设计师。至今克兰布鲁克仍然是美国乃至全球最著名的艺术学院之一，尤其以家具与室内设计最为突出。

20 世纪末到本世纪初，美国涌现出很多世界著名的设计公司，如艾德奥（IDEO）和奇巴（Ziba）（图 4-13-9、图 4-13-10）。Ziba 一直是各项世界设计大奖的常客，我国的联想也是其客户，目前在加州的圣地亚哥、德国的慕尼黑、中国台北和日本东京设有分部，领导着全球工业设计业界的潮流。

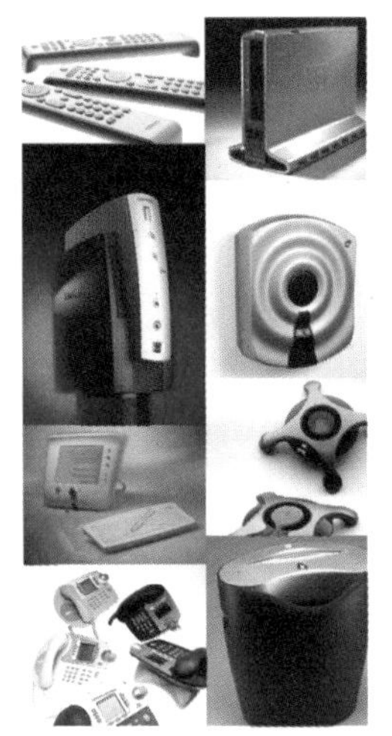

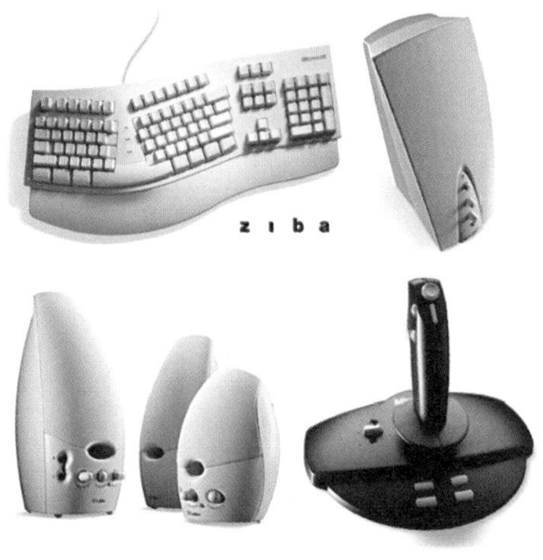

图 4-13-9 IDEO 公司设计作品　　图 4-13-10 Ziba 公司设计作品

4.13.3 意大利的设计状况

意大利设计的特点在于生产与文化协调，它是现代思维、传统工艺、自然材料、个人才能、科学技术等的综合体，长期保持大众化与高贵化两个不同层面。意大利设计从未在现代产品上复兴古典，他们抓住的是民族精神特征，而不是简单搬用某个民族的设计细节。

20 世纪 50 年代初，意大利设计开始了“实用加美观”的原则，1951 年的米兰三年展中，“艺术的生产”成为其新口号。从 60 年代的激进设计、反设计到 80 年代的后现代设计运动，意大利一直走在世界设计的前沿，其设计中心——米兰 3 年一度的国际工业设计展影响很大。

意大利设计大师层出不穷，具有真正的明星效应，从庞蒂到索特萨斯，从尼佐里到乔治亚罗，都享有很高的社会地位和国际声誉。意大利许多设计师出身于建筑师，毕业于米兰理工学院或都灵建筑学院，意大利设计师大都多才多艺，可设计法拉利跑车，也可设计通心粉式样。

“Tizio”台灯

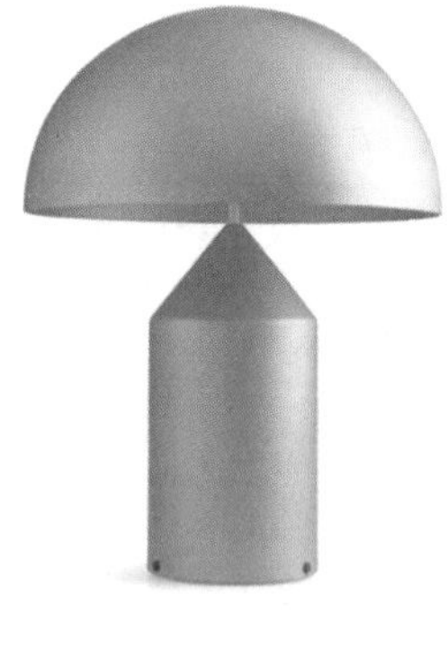
“Atollo”台灯

图 4-13-11 意大利灯具设计

意大利的灯具设计在国际市场上享有盛誉。70 年代的设计师把灯具设计作为一种文化活动来进行。理查德·萨帕 1972 年设计的叫做“Tizio”的台灯及维科·玛格斯特蒂 1977 年设计的“Atollo”台灯都以其造型现代、功能突出、实用方便而赢得了国际声誉（图 4-13-11）。

意大利是汽车造型设计的圣地，世界上许多名车的车身设计都来自意大利。意大利都灵汽车工业园被誉为世界级汽车设计师的摇篮，汇集着大名鼎鼎的菲亚特（Fiat）、平尼法里那（Pininfarina）、意大利设计（Italdesign）、博通（Bertone）等著名的汽车设计公司。

4.13.4 德国的设计状况

德国设计不仅注重产品外观视觉效果，更强调内在功能和质量，以产品精良、工艺规范、质量一流及售后服务好在全球享有盛名，拥有大众、奥迪、奔驰、宝马、欧宝等众多世界一流的汽车品牌。德国的设计发展，为我们展示了一个发展稳健、高度理性和富于思考的途径。

1919 年格罗皮乌斯创建的包豪斯学校成为现代设计的圣地。第二次世界大战后，德国很快在废墟中建立了完善的制造体系，并在设计及其配套的教育中进行了大量实践，其中乌尔姆设计学院是杰出代表。乌尔姆创立的视觉传达设计，不仅是一个包含平面设计、电影设计、摄影等多种类的学科，也极为科学，拥有全新的文字、图形、色彩、电子显示终端等视觉系统，成为各国仿效的模式。德国系统设计方法的传播与推广，在很大程度上也归功于乌尔姆学院的设计科学。

图 4-13-12 西门子家电设计

20 世纪 80 年代以后，德国青蛙设计公司享有国际盛誉，它既保持了德国的严谨和简练，又带有后现代的怪诞、新奇、艳丽，在设计界独树一帜，在很大程度上改变了 20 世纪末的设计潮流。青蛙公司的业务遍及世界各地，包括柯达、索尼、AEG、苹果、奥林巴斯等跨国公司。

德国西门子公司一向重视设计（图 4-13-12）。1997 年，西门子设计展览公司正式脱离企业集团，现在已成为全球规模最大的设计公司，客户包括西门子、奥迪、富士通、LG、DHL 等世界知名企业，屡获 IF 等世界设计大奖。

4.13.5 法国的设计状况

法国是世界艺术之都，无论古典艺术还是现代艺术都稳居最领先地位，巴黎圣母院是中世纪建筑设计的经典，巴洛克和洛可可风格和法国王室密切相关，法国在新艺术运动乃至装饰艺术运动中都扮演重要角色。

1925 年巴黎国际博览会结束后不久，柯布西耶等人组织了现代艺术家联盟，创造了严谨、高贵、创新的法国现代设计风格。皮埃尔·夏洛是和柯布西埃同时代的设计师，他的家具设计在充分体现现代风格的同时展示法国设计传统。皮埃尔·鲍林是一个具有国际视野的前卫设计师，1968 年他为罗浮宫博物馆设计参观座椅，1970 年和 1983 年先后两次为爱丽舍宫的总统官邸和总统办公室设计家具。菲利浦·斯塔克是 20 世纪末以来最有影响的法国设计师，他的作品涵盖了建筑、室内、机车、家电、家具领域（图 4-13-13），1982 年，斯塔克负责法国总统密特朗新居的设计工作，声名大噪。长期以来，斯塔克倡导对环境的尊重及对人性的关怀。

图 4-13-13 斯塔克和他的设计

标致（Peugeot）汽车公司是法国最大的汽车集团公司，是世界十大汽车公司之一，它创立于 1890 年，1976 年吞并法国历史悠久的雪铁龙公司而成为跨国工业集团，在汽车设计领域里享有广泛影响力和行业权威性。

受传统文化影响，法国在珠宝设计、服装设计、平面设计、包装设计等方面也表现不凡。著名时尚品牌有香奈尔（Chanel）、克丽丝汀·迪奥（Christian Dior）、兰蔻（Lancome）以及卡地亚（Cartier）、路易威登（Louis Vuitton）等。

法国设计已超越了独立的设计，而上升到市场营销的高度。法国的采购供应链系统和分销体系发达，家乐福、欧尚等大型零售集团对市场分析与预测均有很高的要求，迫使设计公司要跳出单个产品的圈子，而对包装设计、品牌形象和市场战略咨询等各个环节进行全方位考虑。

4.13.6 日本的设计状况

日本从 1868 年的明治维新后才开始现代化运动。它的文明发展是基于大量借鉴外来文明的基础之上的。日本多年的学习历史，造成一种超强的消化和选择机制。第二次世界大战后，日本引进了国外的技术和管理科学，尤其是美国的设计、技术和管理，对日本的经济复兴起到了重要作用。

日本科技的发展与经济的增长极大地刺激了设计的发展。1953 年，日本电视台开始播送电视节目，促使电视机大量设计和生产。20 世纪 50 年代末“本田 50”小型摩托车打入美国市场。1959 年，日本新型照相机推入国际市场，同年，索尼公司生产了世界上第一台晶体管化的袖珍型电视机。中国人对索尼的认识大多始于其生产的“随身听（Walkman）”。在日本举办的 1964 年东京奥运会和 1970 年世界博览会也极大地刺激了日本的设计。70 年代，日本设计日渐成熟，各种设计思想流行。80 年代，日本很多高科技公司都相应设立了工业设计部门，如索尼的“产品设计中心”等。日本中小企业与设计事务所的合作也很活跃，GK 设计研究所于 1957 年创办，至今已拥有 300 多名专职设计师，成为日本最大的设计咨询公司。

图 4-13-14　日本三菱汽车

日本的汽车制造和设计虽起步晚于欧美，但发展很快。日本汽车以其优良的性能，低廉的价格及新颖的外形设计在国际汽车工业中占有重要席位，著名的汽车公司有三菱、丰田、本田、日产等（图 4-13-14）。20 世纪 70 年代，中东石油危机给日本人带来了发展机遇，经济省油的小型汽车开始崛起，70~90 年代，日本汽车大举进入国际市场。

家用电器是日本设计的一个主要内容，著名公司除索尼公司外还有三洋、夏普、松下等，他们都具有精良的质量和高品质的外形设计。在音响、电视机、录像机、照相机等家电设备上处于领先地位。

4.14　21 世纪的设计新动向

从 20 世纪 90 年代开始，数字技术的革命引发了许多新兴的设计行业，诸如游戏设计、软件设计、网页设计、多媒体设计、虚拟设计等。传统的设计方法和方式也受到了巨大冲击。

以网络为代表的数字化革命不仅影响设计行业内部，也正在极快地改变我们的生活。

4.14.1　数字产品设计流行

进入 21 世纪，数字技术的发展一日千里，在新产品设计中发挥持续的驱动力，新型数字产品不断出现，如数字电视、便携式音频视频设备、数码相机、通讯产品和个人电脑等，给产品设计带来了充分的机会，数字化家庭的概念也已经得到广泛的认可。

数字技术使得传统的产品更加小巧轻薄，便携性和可移动性成为了人们对数字产品的基本要求。近年来，为了迎接宽带网络的挑战，索尼公司积极投入了数字技术的开发，其“网络掌上摄像机”设计精巧，网络功能非常强大，在全球摄像机市场占有压倒性的优势（图 4-14-1）。

图 4-14-1　索尼摄像机

4.14.2　网络媒体设计发达

互联网的迅猛发展，使信息传播面临一场深刻的变革，对传统媒体产生了极大的冲击。网络媒体具有可以无限制的传播、信息极其丰富、交互性强、时效性强、自由度大等优势，正产生着前所未有的巨大力量。

网络技术还直接改变了人们的生产、娱乐方式。21 世纪兴起的网络游戏创造了令人咋舌的利润。传统的动漫产业也受到冲击，数字媒体对设计人才提出了新的要求，既能创作又懂技术的复合型设计人才将越来越受欢迎，设计师只有不断更新自己的知识结构，才可以把握先机。

4.14.3　数字化设计技术兴起

近年来，数字化技术在设计与生产中的作用越来越大，内容主要包括计算机辅助设计和制造（CAD/ CAM）、计算机辅助工业设计（CAID）、快速成型（RP）、三坐标测量和数控加工等。计算机在设计领域的应用可分为两个阶段，第一阶段是20世纪90年代之前的计算机辅助设计（CAD），第二阶段是90年代后期至今，人类设计进入了虚拟现实阶段。人工智能计算机、电子通信和微处理器、高分辨率出版印刷等高新技术的发展，成为科技进步的核心（图4-14-2）。

图4-14-2　高分辨率的彩色喷墨打印机

虚拟现实技术（Visud Reality）是以营造虚拟现实感为目标的新兴技术，也称实时仿真技术，它的兴起打破了人机对立，通过听觉、视觉、触觉等作用于用户，为人与计算机的交流寻找到了一种最好的方式，并可带动观者的情感，在虚拟环境的操作中得到理性的认识和感性体验。虚拟现实技术能让设计师把自己的设计方案现实地、立体地、全方位地表现在计算机中，并且通过立体显示器、数字头盔、数据手套、数据衣服、三维鼠标器等特殊的三维传感设备来完成交互动作，让人在设计实施之前就可以身临其境。

虚拟设计的应用范围非常广阔，从航空航天、商业通信、远程医疗、娱乐业，到建筑设计、展示设计等。虚拟设计在21世纪必将进入每一个人的生活空间。

4.14.4　全球化合作已成潮流

联想公司收购了IBM的电脑业务之后，ThinkPad这个知名的笔记本品牌发生了有趣的变化：它的控股公司在中国，大部分高管仍在美国，设计部门却放在了日本。像这样的国际化合作已经成了一种潮流。早在1994年，海尔就与日本著名工业设计集团GK合资成立了海高工业设计公司，目前在洛杉矶、东京、阿姆斯特丹、巴黎等地拥有6个设计中心。与之相对应，索尼公司于2005年继洛杉矶、伦敦和新加坡之后在上海成立了第4个设计中心。除此之外，摩托罗拉、LG、诺基亚、大众也都纷纷在各地建立设计中心，寻求国际化合作的先机。

设计不是闭门造车，它需要不同学科、不同知识背景的人共同合作。产品也不再是单独功能的产品，多种时尚元素与新颖功能的集合正成为潮流。如今，汽车企业与非汽车企业联合运作，产生新的汽车品牌越来越多。SMART（图4-14-3）是奔驰与瑞士著名钟表商斯沃奇（Swatch）公司共同投资成立了奔驰MCC公司后的产物。还有，2005

图4-14-3　SMART微型车

年摩托罗拉与顶级太阳镜品牌 OAKLEY 合作设计了具备蓝牙功能的太阳眼镜 H7。也是在这一年，苹果公司踏入了音乐手机市场，他们在摩托罗拉的手机上集成了苹果的 iTunes 软件，用户不仅可以传输或下载音乐，还可以直接从 PC 或 Mac 计算机上复制歌曲。

设计的全球化进程模糊了国界，带来了更广阔的空间，日益开放的设计充满了活力，正迈向新的未来。

思考题

1. 西方古代设计与中国古代设计在产生缘由、发展快慢、影响范围等方面有何异同?
2. 文艺复兴时期的设计与当时社会思想的发展有何关联?
3. 包豪斯设计教育的意义是什么?
4. 现代主义与后现代主义的设计特点是什么? 有何关联?
5. 21 世纪设计的发展方向是什么? 我们如何适应这种发展?

参考文献及延伸阅读

[1] 董占军. 现代设计艺术史 [M]. 北京：高等教育出版社，2008.
[2] 张夫也. 外国现代设计史 [M]. 北京：高等教育出版社，2009.
[3] 李琦. 设计概论 [M]. 北京：电子工业出版社，2011.
[4] 王敏. 两方世界两方设计 [M]. 上海：上海书画出版社，2005.
[5] 梁梅. 世界现代设计图典 [M]. 长沙：湖南美术出版社，2001.
[6] 王震亚，李月恩. 设计概论 [M]. 北京：国防工业出版社，2009.
[7] 蔡军，梁梅. 工业设计史 [M]. 哈尔滨：黑龙江科学技术出版社，1996.
[8] 李亮之. 世界工业设计史潮 [M]. 北京：中国轻工出版社，2001.
[9] 彼得・科斯洛夫斯基. 后现代文化 [M]. 毛怡红，译. 北京：中央编译出版社，1999.
[10] 卡梅尔・亚瑟. 包豪斯 [M]. 颜芳，译. 北京：中国轻工业出版社，2002.
[11] 菲利普・李・拉尔夫，等. 世界文明史（上、下卷）[M]. 赵丰，译. 北京：商务印书馆，1998.
[12] 贡布里希. 艺术发展史. 范景中 [M]，译. 天津：天津人民美术出版社，1989.

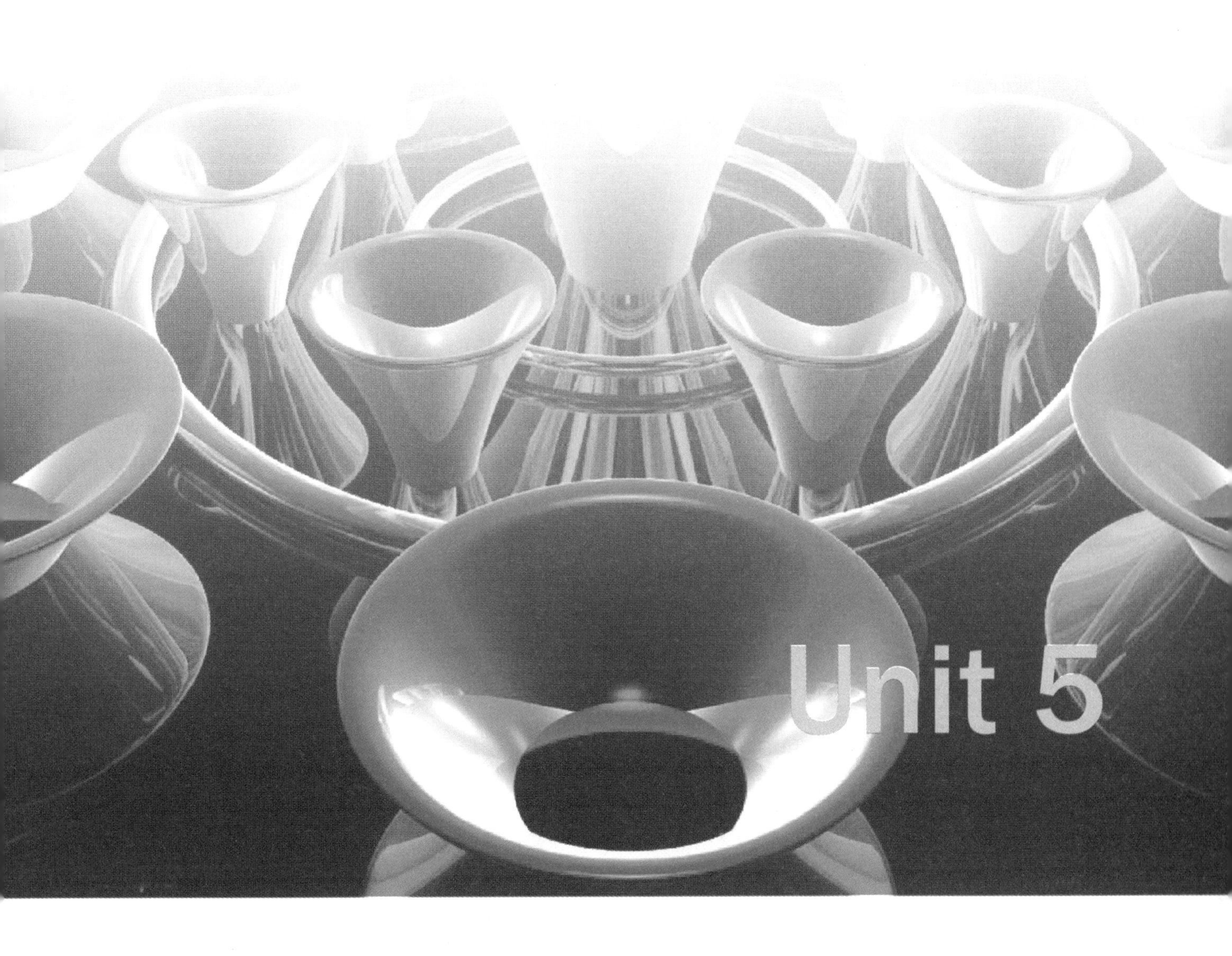

第5章 视觉传达设计

目前，关于设计的类型国际上还没有统一的定论。但近年来，学者们越来越倾向于按照设计目的来划分：为了传达信息——视觉传达设计；为了实际功用——产品设计；为了改善居所——环境设计。将自然、人、社会这构成世界的三大要素作为设计类型划分的坐标点，由它们的对应关系形成相应的三大设计类型（图 5-0-1）。把建筑设计、室内装饰、工业设计、服装设计、电影电视、包装设计、陈列展示、装饰设计、动画设计、广告设计、造型设计等分属其中。不同的设计类型，各有其特殊的现实性和规律性，同时又都遵循着设计发展的共同规律，并在此基础上相互渗透、相互联系、相互影响。

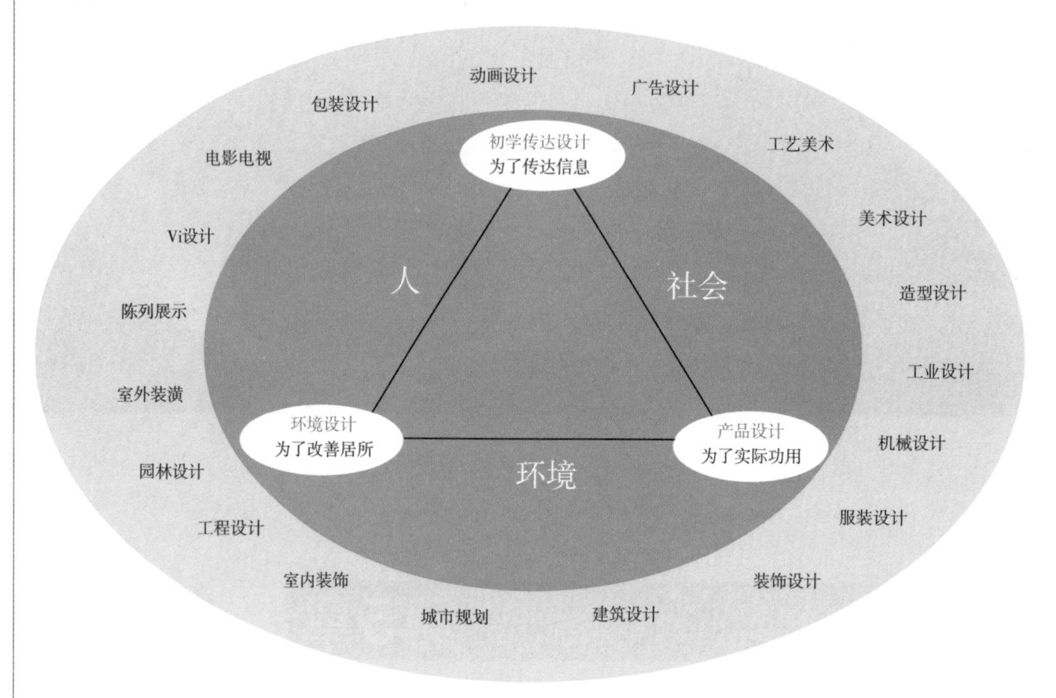

图 5-0-1 设计的分类

研究不同设计类型的区别和联系，揭示其特点和规律性，不仅可以使各种设计创作发挥特长，还可以彼此取长补短，相互促进，有利于设计业整体的繁荣和发展。

5.1 视觉传达设计的概念

视觉传达设计是指利用文字、图形和色彩等视觉符号实现信息传达的设计，是对信息传播的符号设计，是一种以平面为主的造型活动。视觉传达设计（Visual Communication Design）一词形成于 20 世纪 60 年代日本东京举行的世界设计大会。当时与会者认识到在不断扩大的媒体中，视觉和影像已经作为独立的传达手段存在。

视觉传达设计主要处理人与物之间视觉信息交流问题，其基本内容包括视觉生理、视觉心理、视觉经验、视觉运动、视觉功能、视觉符号、视觉信息和视觉语言等，它可应用于环境设计、展示设计、广告设计、包装设计、服装设计、工业设计乃至所有商业美术设计及一切与视知觉相关的设计领域。视觉传达设计的任务是将二维空间中的元素创造性地转化为具有传播应用功能的符号，将思想、资讯等复杂的精神内容用直观的视觉符号表现出来。当它使用“graphic design”时，就侧重平面设计，当它被称为信息设计（Information Design）时，则更强调其传达性。

符号和传达是视觉传达设计的两个基本概念。符号是指人眼所能看到的一切物象，是用来代表或指称某一事物的东西。所谓传达，是指利用符号传递信息的过程，一般可以归纳为“谁”、“把什么”、“向谁传达”、“效果、影响如何”这 4 个程序。

实际上，人类很早就会利用视觉符号（图 5–1–1）来进行信息传达，如“结绳记事”就起到一定的记录和识别作用，还有原始陶器上的图形符号、部落的标志、铭旌、烽火、图腾、仪仗等都有特殊的视觉含义。随着现代通信技术与传播技术的迅速发展，视觉传达设计也发生着深刻的变化，传达媒体由印刷、影视向多媒体领域发展，视觉符号形式由二维扩大到三维和四维形式，传达方式从单向信息传达向交互式信息传达发展。在未来更高级的信息社会里，视觉传达设计将有更大的进步，发挥更大的作用。

图 5-1-1　日常视觉符号

5.2　视觉传达流程的建立

视觉传达设计包括思考性过程、视觉化过程、传达过程。

思考性过程是指对设计的目的、背景、计划、预计效果的考虑，是一个设计决策过程，目的是要采用最佳的视觉程序，使接受对象能通过自己的视觉经验、心理联想对信息内容进行认识和理解，从而获得最佳的传达效果。

视觉化过程是将思想、资讯等精神内容转化为创意、造型、形态、色彩、空间、构图、肌理等具有传播应用功能的符号的过程。这个过程是视觉设计师的主要任务。

生理学表明，人眼的视觉分为随意注视和有意注视两种。随意注视时视神经较放松，对视觉对象印象不深；有意注视时，视神经兴奋，视觉印象较深刻。因此，设计时要努力营造作品的视觉冲击力，简化、整合信息，使视觉信息有逻辑，视觉流程有条理，符号编排有节奏，使受众易于进入视觉语言的传达和接受中。尤其在视距较远和注视时间较短的情况下，视觉元素还应富有个性与生动性，通过夸张、对比、突变、旋转、错视、错位、群化等手法满足视觉要求追新逐奇的特点，才能从无意注视进入有意注视中。

传达过程是信息传达中视觉感知次序的过程，包括3个连续阶段，即视觉印象、信息接收和记忆印象。视觉符号只有完成了传达过程，收到传达效果，才算完成设计的任务。

5.3 视觉传达设计的特征

通过视觉符号实现信息交流是视觉传达设计的目的，通过艺术设计使视觉符号明确、易懂是其任务。这些目的与任务决定了视觉传达设计具有以下特征：视觉美感、视觉象征、视觉可视性、视觉语义性。

图5-3-1 视觉审美法则的体现

5.3.1 视觉美感

视觉美感是以视觉生理为基础的美感心理反应，视觉美感一般不受地域、民族、阶层、文化等社会因素的约束和限制，比如对光的适应，对冷暖的感知，对造型繁简形式的感受等都是人所共有的。

基于人类共有的视觉功能要求，形式的统一与变化规律成为视觉美感的基本法则。主要体现在安排处理视觉对象的整体与局部、局部与局部的关系上，如重点与一般、调和与对比、对称与均衡、比例与尺度、节奏与韵律、重复与变异等（图5-3-1）。

5.3.2 视觉象征

在视觉传达设计中，象征性图形是传达信息的重要途径，即所谓的“借象寓意”。象征性图形用具体事物表示某种抽象的概念和感情，或通过某一特定形象来暗示另一事物或某种常见的意义。例如，看到烟上升就知道下面有火，烟就是下面火的符号，同时也是“向上”、“发达”事业的象征或“消散”的象征。

当人们的视觉感知到某种色彩，也会引起心理上某种的反应，比如，看到白色便联想到护士；看到绿色便想到邮政；看到红绿灯便想到交通等。久而久之这种白色、绿色、红色等就具有了象征特性（图5-3-2）。古希腊卫城建筑群以白色大理石为主体，其柱头多以红色、金色、蓝色来装饰，在阳光的衬托下，显示出独特的地中海色彩风情。中世纪的拜占庭教堂之所以能呈现出宏大而深邃的色彩空间感，是因为其穹顶色彩使用了灿烂的金色，与室内其他部位的红、蓝、白色及祭器的金银色相匹配，从而产生庄严肃穆的神秘感。

图5-3-2 色彩的象征性

5.3.3　视觉可视性

可视性是视觉传达的基础和前提。自然界和人类社会，都是通过表象来反映本质与内部变化规律的，例如，人的情感和思维活动可以通过人的姿态动作与面部表情等去传达。此外，还可以借助仪器、采取测试方式来探测如血压、温度、速度等物理和化学属性等内在不可视的信息。视觉传达设计的任务就是利用这些可视的信息媒介从事合理的设计，表达特定的信息内容。人与外界的信息交流，除视觉外，还有嗅觉、味觉、听觉、触觉，它们都能引起视觉的具象联想。在视觉传达设计时，可以借助多种感官的联系，把不可视信息转换成可视的信息符号。

总之，信息的可视性是视觉传达设计最起码的条件和最大特征，可以说，设计者的任务就是如何创造性地利用可视的信息符号和语言去表现不可视的信息内容。

5.3.4　视觉语义性

视觉的语义性是传达与接受的关键。如果视觉符号不具语义性，则仅可视而不可识别，传达便难以进行。视觉信息的语义性要求能识别、能看懂。在设计上，如果作品中的形态杂乱，色彩个性模糊，排列组合缺乏逻辑性，就难以实现完整流畅的信息传达。那么信息接收者就会搞不清这些视觉符号所要传达的内容和情感，其语义性也就无从谈起。从视觉生理上说，视知觉对不理解的信息很难形成交流。根据信息内容的先后顺序，运用视觉流程的生理规律合理安排视觉语言，是保证视觉信息语义规范的方法。

5.4　视觉传达设计的要素

视觉传达的主要符号是视觉图像，是设计师以视觉途径表达自己意图的产物，是引起人与人之间信息交流的形状和姿态。视觉图像有平面的、立体的和动态的3种类型。在图形形式上还有具象和抽象之分。其中，文字、图像、色彩是视觉传达中3个密切相关的设计要素。视觉传达设计实质上就是将这三方面的要素进行创造性地编排设计，要求既能在传达中发挥作用，又能在同一件作品中三者协调统一。

5.4.1　文字

文字是约定俗成的具有表意作用的视觉符号，是人们在日常生活中进行信息传递时除语言之外的另一个重要工具。文字在视觉传达设计方面具有双重性：一是文字本身的意义指向；二是文字的形态可作传达信息的设计图形（图5-4-1）。

图5-4-1　文字编排的设计

1. 中文字体

汉字中文体的图形形式主要有 3 种：一是铭体，指古代铭刻于碑板器皿上的文字形态，主要有甲骨文、金文、印章和碑文；二是手写体，也称书写体、书法，包括篆体、隶书、楷体、行书和草书；三是印刷体，是视觉传达设计常用的体式，通过演变，形成现在的方块结构，印刷体比任何一种外文文字的可读性都强。

2. 外文字体

外文体以英文为代表，英语已成为国际通行的语言，有 60 多个国家和地区通用，是使用地域最广泛的文字。英文字母经过漫长的历史演变形成了多种体系。英文字母包含矩形、圆形、三角形 3 种基本类型及其组合变化。英文字母自古横行排列，故字高相对统一，而字面的宽度则有所不同，这种尺度的变化称为“字幅差”，它不能被纳入同样大小的方格之中，这是在设计时与中文字体的较大差别。

5.4.2 图像

图像中的“图”包括图形、标志、插画、图表、图形文字等，“像”包括数字化在内的摄影、影像、动画等。调查显示，现代人接收的信息 80% 来自图像，我们已经进入“读图时代”。图像成为更直接、更快捷、更形象的信息传达语言。现代图像的表达手段除传统的手绘外，大量使用计算机和摄像技术进行录入与处理。图像能形象直观地表达设计主题，作品中是否拥有完整而富有视觉冲击力的图像，是实现视觉传达目的的关键。

1. 摄影

摄影为人们打开了了解世界的窗口，它的真切感与直观性能够使大众对其传达的内容产生兴趣和信赖感（图 5-4-2）。传统的摄影是通过胶片的感光作用来拍摄实物影像，当今的摄影大部分被数字化技术所取代。在设计中，摄影可提供素材、灵感，常用于广告、包装、影视、动画、展示等视觉传达设计领域。设计创意、印刷质量和思想内容是对一张影像片好坏的评价因素。根据形式需要，设计师对原有影像片进行退底、合成、重构、虚实、特质、影调、出血等方面的处理，使作品含量更为丰富，并获得艺术表现力。

图 5-4-2 摄影作品

2. 图形

图形是有别于摄影的另一种图像元素，传统的图形多以手绘形式出现，由专业设计师或者插图画家绘制创作，是以解释、补充和装饰为出发点的。在摄影技术广泛应用之前，这种表现手法十分普遍。现代图形设计，因其出色的造型和色彩效果，具有更多的说服、诱导、传达的功能。

（1）具象图形。具象图形是指用水彩、油画、丙烯、麦克笔等各种绘画材料手工绘制的图形（图5-4-3），另外，利用彩色喷绘或综合技法产生的图形也在其列，发挥着审美、教育、指示、图解等视觉功能。

从性质上分，这种手绘具象插图分为艺术性与商业性两种，前者有相对独立的个性表现空间，后者要服从商业装饰的要求。手绘插图能够表达与摄影截然不同的感受，可以表现幻想、幽默、讽刺、象征、装饰、写真等趣味内容，适合表现富有情节的内容和多元化的情景。

（2）抽象图形。抽象图形是将自然形象进行提炼、简化而产生的艺术形态（图5-4-4）。它可分为无机形态和有机形态两种类型。无机形态图形规律性好；有机形态图形艺术性强。抽象图形既可作为设计的主要元素，又可作为辅助元素，利于增加信息传达的层次。抽象图形中的标志图表，包括商业标志、识别标志、说明图、统计图和地图等均具有象征、指示和说明的功能。

图5-4-3 手绘插图

图5-4-4 抽象图案

抽象图形在现代设计中的使用频率最高，使用这些抽象图形时，特别要注意使图形的视觉形态与表达主题相符合，令人费解的图形只能误导观众并削弱其传播力。

（3）卡通动漫。当今动画、卡通漫画作为流行文化的一部分已渗入社会的方方面面。在人们对有童真的物品趋之若鹜时，商家也极力推崇这种卡通文化，增加营销砝码，使其以一种别开生面的姿态出现，成为一种特殊的图形创作与产业形式（图5-4-5）。

现代动画、卡通漫画创作呈现简单、无规则、易逝的特点。简单，即去除各种烦琐装饰，带有极简主义特点；无规则，即风格多样化，极具个性特征；易逝，即像所有流行的事物一样，风靡一时，很快就会更新换代。动画、卡通漫画的这些特点恰好符合现代商业的流行短暂、快速更替、崇尚极简、追求个性等潮流。

图5-4-5 卡通动漫人物设计

5.4.3 色彩

从艺术心理学中可知，色彩是一种情感语言，能表达人类内在情感中极为复杂、敏感、丰富的感受。色彩较之图文对人的心理影响更为直接、强烈，可创造出富有个性、层次、秩序与情调的环境，是视觉传达设计中又一个重要的元素（图5-4-6）。当代商业设计对色彩的应用已经上升到“色彩行销”的策略高度，成为商品促销、品牌塑造的重要手段。

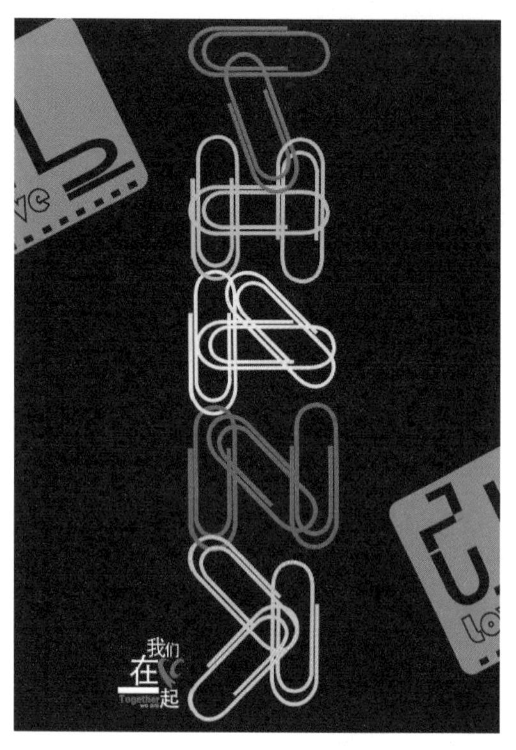

图5-4-6 色彩的设计应用

色彩可分为环境色和警告色两类，环境色是利用人对色彩的感受机理对环境色彩进行设置，以使其协调、舒适。如墙壁使用淡蓝色或象牙色，天花板用极淡色或白色。警告色如黄色表示警戒，橙色表示危险物，绿色表示救护品，红色表示防火用具等。

1. 色彩设计的内容

人们看物品时首先感知到的是色彩，之后才是图形，色彩设计至为重要。色彩设计是指用于草图或模型阶段的配色计划，是商业设计中最有表现效果的一个环节。

（1）色彩计划，指在商业、工业或生活中为发挥色彩的功效，而有计划地运用色彩。

（2）色彩视认度，指色彩在一定环境中被辨认的程度，取决于图形和底色之间色相、明度、彩度差的大小。

（3）色彩管理，包括选定材料、测色试验、判定效果、限定误差范围、色彩的统计及整理等。方法有测色学的色彩管理（用测试的办法）和现场的色彩管理（使用色标）两种。

（4）色彩调节，是对建筑、交通工具、设备、器具等外表的色彩装饰进行处理的过程，利用色彩所具有的生理、心理、物理的功能和性质，改善人的生活、工作气氛、环境等。

2. 色彩设计的具体要求

色彩设计一定要从主题内容和信息的个性出发，把握色彩的表征意义，研究人们对色彩求新、求异的心理规律，赋予色彩以新的内涵，吸引观众、强化信息传达。从事色彩设计工作，首先要有良好的色彩感觉和色彩素养，懂得色彩心理的普遍规律，对色彩主色调、明暗色、冷暖色、同色系与补色系等各个方面有一定的调控能力，同时密切关注色彩的流行趋向（图5-4-6）。

色彩的设计，须特别注意：①印刷因素；②流行色的考虑；③色彩本身特性；④色彩服务对象的年龄、性别、好恶；⑤依靠照明的配色；⑥根据陈列效果的配色；⑦根据广告效果的配色。

5.5 视觉传达设计的类型

视觉传达设计是为现代商业服务的艺术设计，在设计过程中主要以文字、图形、色彩为基本要素进行艺术创作，在精神文化领域以其独特的艺术魅力影响人们的生活和感情。

视觉传达设计是科学、严谨的概念，可细分为多个设计类型。

5.5.1　字体设计

“言为心声，书为心画”，文字是人类祖先为了记录事物和交流思想而发明的视觉文化符号，对人类文明起了很大的促进作用。字体设计是运用文字要素进行的设计，在西方被称为“Lettering”，设计中运用视觉美学规律，对文字的大小、排列、笔画结构乃至赋色等方面进行创意，以传达文字深层次的意味、内涵和字体优美的造型，更好的发挥信息传达效果。文字形态的变化，虽不影响传达的信息本身，但影响信息传达的效果。字体设计的应用极其广泛，有时作为独立的设计要素而使用，但更多时候是作为设计要素之一，与标志、插图等其他设计要素紧密配合，以取得完美的设计效果，发挥高效的信息传达作用。字体设计被广泛应用于标志、报纸、广告、包装、杂志和书籍等设计中。

1. 字体的类型特征

字体设计主要分为中文字体和外文字体设计两大系列。具体的又有很多设计字体，如印刷体、设计体和书法体等。中文字体虽然种类繁多，体式不同，但其基本笔画到造型基础都出自宋体与黑体。宋体字基本笔画出自楷体的“永字八法”的点、横、竖、撇、捺、钩、挑、折等，其体格表现为横平竖直、横细竖粗、起笔收笔及转折处有饰角，结构饱满。黑体又称方体，是受西方无饰线字体的影响，于20世纪初在日本诞生的印刷字体，其笔画粗细一致，没有装饰性笔型，显得庄重醒目，富有分量感。在此基础上，人们衍生出与现代设计、审美相关的一系列字体，包括基础字体设计变化而成的变体、装饰体和书法体等。

2. 字体设计的要求

尽管计算机里的汉字字库日新月异，但面对丰富多彩的生活需要，仅依靠现有的印刷规范字体远远不够，只有在对现有字体的理解基础上，对字体的使用范围、应用对象和审美特征多加分析，把艺术的想象力和创造意识融入字体的设计之中，才能适应设计到需要（图5-5-1）。

图5-5-1　字体设计

字体设计的视觉机能重在心理，追求新颖的形式美感，设计时要求做到以下三点。

（1）形式与内容统一，要从内容出发进行艺术加工，生动、概括地突出文字的精神含义。

（2）注意字体的可读性，文字变体构造的装饰要适度，避免因猎奇而走样，失去可读性。

（3）提高字体的艺术性，按一定规律来设计，避免过分夸张而杂乱无章，矫揉造作。

5.5.2 标志设计

标志是一种具有特定内涵的视觉图形，以精炼的形象表达一定的含义，代表某一事物，能强化人们的识别和记忆。标志比文字更有概括性、凝练性，也更直观（图 5-5-2）。

早在原始社会，人类为了记录信息，创造了符号、印记、图形等视觉语言，其中最具代表性的图腾可以视为标志的起源。20 世纪 60 年代以后，图形化的视觉语言在世界范围不同设计领域中得到运用，它们交流方便，有助于消除世界各国文字和语言的障碍，在视觉传达设计中占有极其重要的地位。

图 5-5-2 标志设计

1. 标志的特征

识别性是标志的基本特征之一，其单纯、简洁、鲜明、一目了然，更能突出主体的形象。

象征性是标志的本质特征，作为“有意味的符号”，标志能表现抽象概念和情感。

审美性是标志的形象特征，美的形式与寓意融合，才能符合人类对美的视觉选择心理。

国际性是时代对标志提出的新要求，即以直观感性的形象语言，跨越时空、民族、地域、文化的限制，进行信息传播，使标志在更广泛的空间里体现更大的价值。

2. 标志的分类

从功能使用上，标志可分为两类：一类是以品牌形象为核心的商业性标志设计（统称商标），指某机构、商品和活动的象征性符号，包括机构品牌标志和商品品牌标志；另一类是以公共社会为核心的非商业性标志设计，是用于公共场所的指示符号，包括公共系统标志（交通、场馆等）、公共标志（质量、安全、等级标志等）等。按照功能细分，标志还可分为国家和地区标志、社团组织标志、政府机构标志、公司企业标志、节庆会议标志、安全标志等。

按性质分类，标志可分为指示性标志和象征性标志。指示性标志与其指示对象有直接而明确的对应关系，例如红色的圆表示太阳，箭头表示对应的方向等。象征性标志不仅可表示某一事物，还可表现出包括其内容、目的、性格等方面的抽象精神概念，例如公司司徽和商标等。

3. 标志的设计

标志设计由于具有特定的功能，设计时要求将丰富的内容以非常简洁、单纯、概括的方式，在相对较小的空间里表现出来，既要易于公众识别、理解和记忆，又要易于制作和推广。标志设计必须力求单纯，强调信息的集中传达，同时讲究赏心悦目的艺术性。设计手法通常有具象法、抽象法、文字法和综合法等。

5.5.3 广告设计

广告的历史非常悠久，当原始社会末期物品交换出现后，广告也随就出现了，最早是口头广告和实物广告。现存济南刘家功夫针铺的雕版印刷广告是我国现存最早的平面印刷广告。

广义的广告是指实现广告目的的行为方式及广告计划、广告表现、广告发布以及效果测定等广告活动的全过程。美国人杜莫伊斯说：“广告是将各种高度精练的信息，采用艺术手法，通过各种媒介传播给大众，以加强或改变人们的观念，最终引导人们的行为的活动。”广告设计就是将广告主的广告信息设计成易于接收、感知和理解的视觉符号，如文字、标志、插图、动作和声音等，通过各种媒体如电视、广播、电子屏、报纸、杂志、招贴、直邮、霓虹灯等传递给接收者，达到影响其态度和行为的广告目的（图 5-5-3）。

图 5-5-3　公益广告设计

广告有 6 个基本要素，即广告信息的发送者（广告主）、广告信息、信息接收者、广告媒体、广告目标和传播效应。

1. 广告设计的特征

广告是一种大众媒体的形式，具有投入与产出的特点，投入广告费，产出“名牌”或“效应”。广告具有明确的广告主，内容要有较强的针对性，是针对特定对象的传播活动，它决定了广告表现形式的应用、广告主题的确定、广告媒体的选择等方面的特殊性。广告是被管理的传播活动，要接受法律、法规、政策和有关管理部门的监督、检查、指导和控制。同时广告又是企业经营管理活动的一部分，与企业的日常管理及运作密切相关。

传播功能是广告最主要的特征。它通过视觉形象完成社会信息、经济信息、文化信息的传递，具有传播效应、诱导、说服和刺激需求的功能与任务。

2. 广告设计的分类

在现代社会里，广告成为人们经济、文化、政治、生活中的一部分，种类越来越丰富。

从其使用目的及其性质出发，可分为社会性和商业性两类。商业性广告可分为商品广告与企业形象广告等。社会性广告可分为公益性、政治性、文体性等方面的广告。

从媒体类别划分，可分为报纸广告、电视广告、广播广告、杂志广告、路牌广告、灯箱广告、印刷招贴广告、直邮广告、交通广告、售点 POP 广告和赠品广告。

从广告作品的形态出发，可分为平面、立体和动态广告 3 类，细分为：印刷品广告、招牌广告、招贴广告、户外广告、橱窗广告、礼品广告、影视广告和网络广告等。户外广告主要是路牌广告、造型广告和灯光广告等，一般设置在商业区和人流较密集的区域，具有宣传区域明确和反复诉求性强的特性。

5.5.4　版式设计

版式设计，也称编排设计或版面设计，是指包括报刊、书籍、册页等所有印刷品的版面设计（图 5-5-4）。版式设计在界定范围内，根据设计内容、目标功能、创意要求、构思计划等系统要素，运用造型原理、形式语言和艺术手段将文字、框架、图像、线条、色彩、标志和插图等视觉元素进行配置组合。使版面的整体视觉效果美观而易读，从而激起读者观看和阅读的兴趣，最终实现信息传达的最佳效果。

1. 版式设计的特征

版式设计不完全是为了美观而设计，它的最大特征是为人们的阅读而存在，追求传

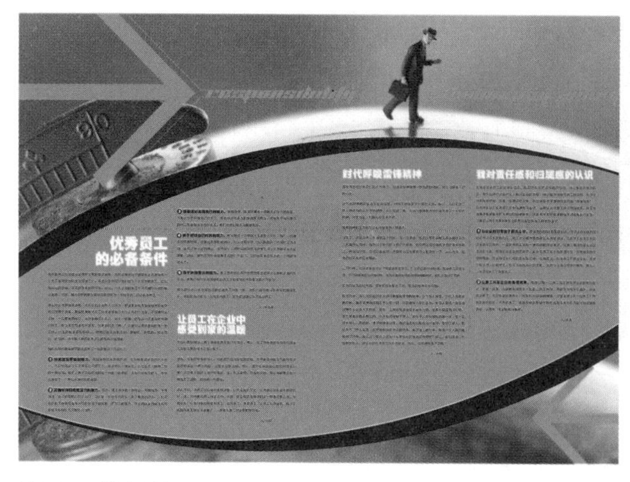

图 5-5-4 版式设计

达效果的迅速、准确和最优化。版式设计的过程既决定作品的品质，也涉及信息传递的效果，是一种有明确目的导向的思维活动。对于设计作品的要求是美观、大方、典雅，而合乎不同人群的阅读习惯。因此，设计中必须重视易读与审美的关系。

一般来说，文字、图版、图表是版式设计的 3 个特征要素，但它们往往需要综合利用才能达到整体版面美观而易读的效果。

2. 版式设计的法则

（1）以平衡构成静态美。一是对称平衡，上下或左右同等、等量、同形，还有放射对称、反转对称、移动对称、扩大对称与逆对称等，这些对称形式呈现安静、平和之美；二是非对称平衡，通过非对称元素在多少、形状、位置、方向、大小、色彩、肌理、明暗等方面的版面编排调节而达到心理上的动态平衡，有效地避免了版面呆板和单调。

（2）以律动构成动态美。律动美感活泼、明快、变幻无穷，体现出“流动的旋律”。形象元素的重复出现会具有强烈的节奏因素，如果按照一定秩序反复呈现，用连续的方法组织空间，就可以产生时间与空间反复转换的观感，从而给人以强烈的动态美。

（3）以调和构成整体美。调和，是在对比中加入一定的视觉元素，并从元素的大小、疏密、形状、色彩、肌理、规则与不规则等方面的对比关系中寻求协调的因素，实现版面统一的视觉风格和整体美感。调和的版面可体现出理性、亲和、秩序、成熟的气质。

（4）以比例构成韵律美。比例，是数比逻辑在版式设计中的体现，是图、文、色等视觉元素之间的数比搭配。比例有大小、疏密、曲直等类型，需从主次、虚实、整体关系中鉴别而确定，此外，心理尺度的把握也至关重要。

5.5.5 书籍装帧设计

书籍，是用文字、插图或其他符号在纸张等相关材料上记录知识、表达思想并装订成卷册的著作物，是人类传播文化和思想的载体，是人类文明的重要标志之一。书籍设计指的是对书籍的开本、版面、封面、护封、纸张、字体、插图和材料等经过编辑、设计、制版、印刷、装订等几个步骤的协作进行的设计，也就是对书籍的整体设计。书籍设计的主要项目有：封面、扉页、环衬、题花、尾花、目录页、版权页等。书籍装帧级别有平装和精装。书籍种类包括图书、专集、画册及电子图书等。

书籍设计要求恰当而整体地表现出书籍的内容和特点，设计师在设计之前，应首先对书籍的内容、写作意图和读者群有一个比较详细的了解，使书籍设计与书籍种类、书籍内容、写作风格相符合。同时还要考虑到读者对象的职业、年龄、文化背景、审美水平和欣赏习惯不同等因素。

1. 书籍装帧设计的目标

书籍装帧设计的目标是将书籍各要素组织成合宜的形式，使版面条理分明、章节脉络清晰、层次秩序规律，表现出富于节奏与和谐的形式美感。

书籍设计是通过塑造版面形象来反映书刊的内容和表现作者思想、风格的一种语言，其中封面是书籍语言的核心，是通过能体现内容和品质的图形、字体及色彩进行编排设计的（图 5-5-5）。书籍的扉页设计时除文字外，可适当加上装饰纹理、色块、插图、线条、题花等，也可区别正文用纸，或作简单的套色，这些能增强书籍的节奏感。书籍设计的其他内容也具有各自的语言特色。

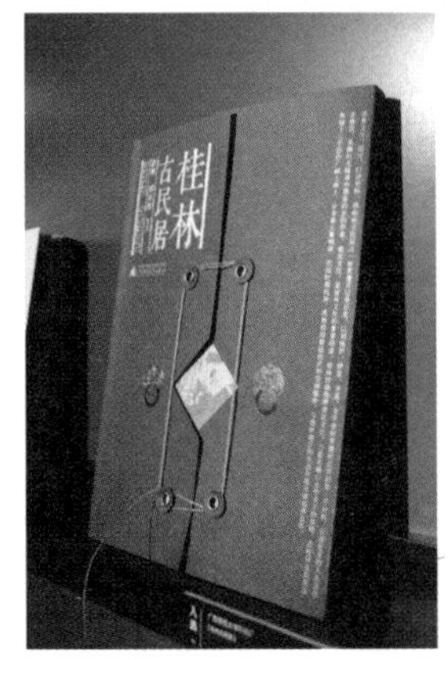

图 5-5-5　书籍装帧设计

2. 书籍装帧设计的法则

（1）内容与形式统一。书籍装帧不是纯艺术，在追求表达效果时不能脱离书籍内容，版面的形式创意要从属于书籍内容主题及其精神内涵。

（2）整体与局部统一。设计时不能片面强调整体而使封面、扉页、环衬、封底缺乏节奏变化，使全书平淡无奇；也不能偏废总体观念，使前后互不关联而失掉整体风格。特别是对于系列书、套书的整体设计，要使元素的大小、疏密、体例等整体一致。

（3）版式与工艺统一。版式设计是书籍的蓝图，印刷与装帧工艺是书籍的成型条件，书籍设计必须参考工艺问题。如平装、精装、套装等装帧方式，凸版、平版、凹版、丝网版等印刷工艺，还有材料的选择等都与设计密切相关。

5.5.6　包装设计

包装在工业、商业领域中有着重要的地位，其本身就是一个庞大的工业体系。“包”是包藏、收纳和装入之意，“装”则有装束、装扮和装饰的含义。包装设计是一种商业设计，以市场营销为目的，综合社会、经济、技术、艺术、心理诸要素进行设计，具有传达商品信息、保护商品、方便运输、树立品牌、促进销售等功能。

包装设计包括包装材料设计、包装装潢设计、容器造型设计、包装结构设计 4 个方面。包装设计以市场调查为基础，先从商品、销售对象等方面进行定位，然后选择适当的材料进行包装造型和结构的设计，接着再通过文字、标志、图像等视觉要素进行装潢设计，做到信息内容充分准确，外观形象悦目，富于品牌的个性特色（图 5-5-6）。在营销活动中，包装能刺激和引导消费，提高商品的附加价值，是产品由生产转入市场流通的一个重要环节。

图 5-5-6　包装设计

绿色包装是全球环境可持续发展战略对包装设计提出的要求，要求包装采用高性能的包装技术，选用生态材料、可降解材料和水溶性材料，并提高包装的重复使用率，减少对自然资源的消耗，避免破坏和污染生态环境，体现人与生态环境和谐发展的理念。

1. 包装设计的分类

包装的分类方法很多，从用途来分类，可分为工业包装和商业包装两大类（也称运输包装和销售包装），工业包装以保护为重点，而商业包装以促销为主要目的；从形态来分类，包装又分为内包装、中包装和外包装 3 种；从包装容器形状分类，可分为箱、袋、包、瓶等；从包装材料分类，可分为木包装、纸包装、金属包装、玻璃陶瓷包装和塑料包装等；从包装货物种类分类，可分为食品、医药、轻工产品、机电产品和果菜类包装等；从安全性分类，可分为一般货物包装和危险货物包装等。

2. 包装设计的要求

在商品品种繁多和同质化市场激烈竞争的今天，包装设计一方面要能增强视觉吸引力，提高包装信息的传递，在同类产品中得以凸显；另一方面，情感设计是包装设计的趋势之一，包装设计应体现以人为本的思想，充分考虑消费者对商品的心理感受，寻找商品特征与消费者心理之间的契合点。另外，当代社会文化形态更迭，数码、印刷等技术日新月异，包装设计必须符合时代特点，充分体现现代人的审美观、价值观和消费观。

5.5.7　CI 设计

CI 设计就是企业形象系统设计，20 世纪 60 年代美国首先提出 CI 设计的概念，到了 70 年代，CI 设计在日本得到广泛应用。CI 设计将企业经营理念和企业精神文化加以整合和设计，是现代企业走向整体化、形象化和系统管理的一种全新的概念。

CI 设计以企业形象战略为核心，涵盖现代管理学、市场学、公共关系学、消费心理学、传播学、广告学、组织行为学等领域，是一门综合性的交叉学科。

1. CI 设计的分类

CI 设计作为一个企业识别的系统工程，它由理念识别、行为识别、视觉识别三方面构成。

（1）理念识别（MI）。理念识别包括企业价值观、企业精神、经营宗旨、市场定位、产业构成、组织体制、发展规划等内容，是企业对当前和未来一个时期的总体规划和界定，是企业生产经营的识别系统，属于企业文化的意识形态范畴。

（2）行为识别（BI）。行为识别是企业实际经营方式与行为准则，是对企业运作方式作统一规划而形成的识别形态，包括对内对外两部分，对内是组织制度、管理规范、行为规范和福利制度等，包括工作环境、内部修缮、生产设备、员工教育、生产福利等；对外则是通过公共关系来传达企业理念，包括公共关系、市场调查、促销活动、流通政策、代理商、金融政策、股市对策、公益性活动等。

（3）视觉识别（VI）。视觉识别把企业理念、文化特质、企业规范、服务项目等抽象概念经系统化、组织化的设计，转化为易被公众接受和识记的符号。视觉识别系统分为基本要素和应用要素两方面，基本要素包括：企业名称、企业标志、标准字、标准色、象征图案、吉祥物等。应用要素包括：工作证、文件袋、报告书、服装、生产设备、交通工具、包装、旗帜、招牌、建筑外观、陈列展示、广告等，是最具传播力和感染力的企业形象。

VI 在 CI 系统中居于主导地位，是最直接、最具有传播力的部分。它塑造独特的企业形象，并将企业识别的基本精神充分体现出来，保持企业的统一性、系统性、规范性、预想性，使企业品牌化，同时对推进产品进入市场起着直接的作用（图 5-5-7）。

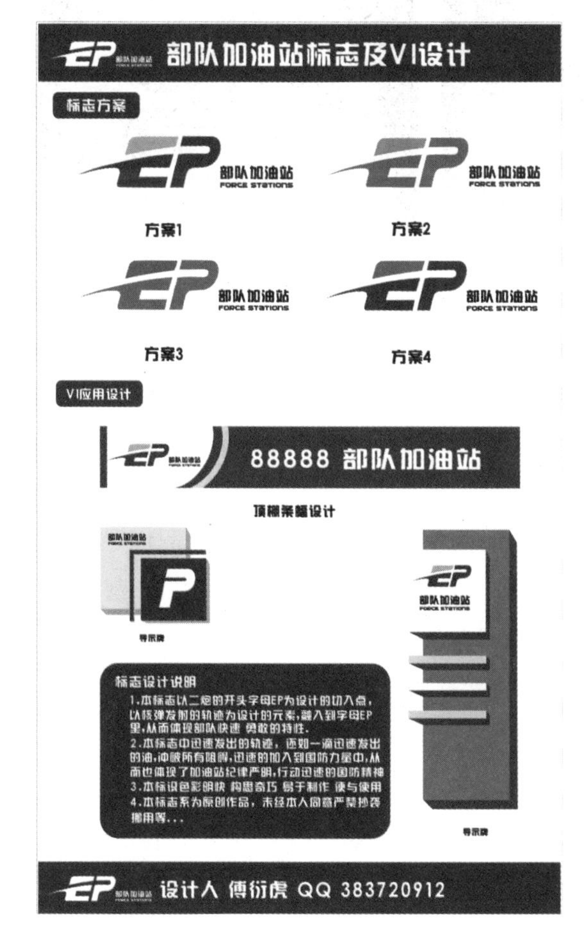

图 5-5-7　视觉识别（VI）设计

2. CI 设计的意义

CI 系统已成为树立产品与企业形象、实现营销战略的有力武器。它对内可使企业经营管理科学化和规范化，降低成本，提高质量，同时增强员工间的认同感与凝聚力。对外能建立起企业良好的形象，提高知名度，增强社会的记忆度，提高认购率，为企业带来更好的社会和经营效益。

CI 的最高目标是提高企业的知名度、提高市场占有率。国内外的事实证明，成功导入 CI 系统具有极大的价值，如美国的可口可乐、“IBM”、麦当劳，日本的富士、美能达，中国台湾地区的宏基等。这些企业所蕴涵的形象价值已成为企业未来发展的资源。目前，中国民族工业要在外来品牌的冲击和挑战中胜出，品牌战略是关键，打造民族品牌具有重要的现实意义。

5.5.8 展示设计

展示设计也称陈列设计，是依据特定主题和目的，运用陈列、空间规划、平面布置和灯光布置等技术手段对空间的环境、道具、照明、展品及各种信息媒体进行的综合性空间视觉传达工程（图 5-5-8）。它包括版面设计、室内外环境、交通计划、人群控制、家具陈列、材料、构造、安装、预算等诸多因素。

图 5-5-8 展示设计

过去展览设计的概念较窄，主要是让人观看展品和图片来传递信息，今天展示设计是以视觉传达设计为主，综合应用产品设计和环境设计技术的复合性设计，除让展示本身向人们提供视觉信息外，还提供其他感官所能接受的信息，是集造型、科技和文化于一体的设计工程，是人们彼此进行宣传、交流、科研、教育、购物、休闲和娱乐活动的最佳方式。

1. 展示设计的内容

按设计种类，展示设计一般可分为展览设计、销售展示设计、室外标志设计、观光景点设计、节庆礼仪设计等。展示设计的应用范围包括科技馆、美术馆、博物馆、世博会、广交会、展览会、商场等。展示设计流程分为两个部分：一是展示的程序策划，主要指前期的活动策划与组织、展示主题的创意表达、经费预算、工程管理等；二是实际设计策划，包括总体设计、空间策划、灯光设计、音像设计、导向设计等。

（1）展示总体设计。是全个展示活动的策划，主要决定展示的主题内容及编排程序，然后确定整个展示活动的空间形态，包含参观流线、平面布局、整体色彩、装饰风格与形式等。

（2）展示空间设计。即对展示环境的空间（包括空间内的所有形态）进行分割、组合，分解为最基本的造型元素或多个局部形态，而后根据需要再重新进行元素或形态的组合。

（3）展示版面设计。即根据展示整体要求，对版面排版、色彩、文字等进行统一的安排，包括版式、图片、文字、图表、装饰及有关的工艺、材料与技术设计。

（4）展示灯光设计。是为展示场所设置人工或自然光照明，分为基础、装饰和导向照明三类，其形式有直接与间接照明、彩光与荧光照明、折射与反射照明、强光与弱光照明、顶光与侧光照明等。

（5）展示音像设计。即展示中的音响和影像设计。依靠声音、图像和光色的混合使用，可在虚拟状态中扩大展示空间，给人以全新的信息感受。音像展示主要通过投影、电视大屏、触摸屏等工具进行录像、电影、配乐等。

（6）展示导向设计。一方面是指用来表明方向、区域的图形符号系统设计；另一方面是指上述符号在空间中的表现方式，着眼于材质、位置、外观、艺术表现、整体氛围等因素。

2. 展示设计的目标

展示设计首先是视觉元素的设计，其次是形式法则的合理运用，包括比例尺度、对比统一、节奏韵律、错视觉等因素。因为展示设计的综合性，需要以较为全面的设计学科知识为基础，以文字、图形、色彩为基本元素，以人的视觉和心理感知为出发点，通过造型和空间元素的综合运用，创造出一种能与观众沟通的活动场所和空间，传递有效信息，给人以视觉美感。

现代展示设计呈现多元化的发展趋势，我们应充分利用新技术、新成果、新工艺，在材料、形态、照明、影像、音响等多方面，充分调动观众的视觉、触觉、听觉甚至嗅觉等感知能力。展示设计要考虑展品的视觉位置、展示时间的长短、人流的动向、视线的移动，以及观众的性别、年龄、兴趣、职业等因素，达到“人”与“物”的互动交流。

5.5.9 数字多媒体设计

现代技术不但为文化提供了大众传播媒介，而且还创造出了如电影、电视和计算机多媒体艺术等新的文化形式。21 世纪的数字技术正给电视、电影、动漫、网络、游戏等文化产业带来巨大而深刻的影响，成为 21 世纪知识经济的核心产业。

多媒体（Multimedia）一词于 1986 年后在计算机领域普遍使用，多媒体设计艺术于 20 世纪 60 年代开始应用并在 90 年代末步入全新的发展阶段。数字多媒体设计具有处理视频、音频、图像、文字等多类信息的功能，实现图文一体化，视听一体化，囊括了录音机、电视机、计算机、游戏机等众多电子产品的性能，在卡通动漫、网络游戏、电脑插画、数字特效、数字摄影、数字音乐、电子出版物、信息咨询系统、文艺节目、人机界面、虚拟设计与创造、电影电视等领域中得到迅速的发展，并催生了视觉特效、电视媒体包装、交互设计等新的设计领域。数字化设计艺术具有较高的交互性和传播性，能够造成大众对艺术作品感知方式的改变。

数字化产品设计主要包括数字化建模、数字化装配、数字化制造、数字化信息交换以及数字化评价等几方面。它涉及 CAID 技术、人工智能技术、虚拟现实技术、多媒体技术、并行工程、人机工程学等许多信息技术领域。

1. 影视设计

影视设计是结合摄像与计算机制作技术，对影视图像和声音进行的信息图像设计，

图 5-5-9 《泰坦尼克号》影视设计

是电视、电影和计算机图像设计的总和。影视设计处于新媒体艺术的最前沿领域，它的出现掀起了一场翻天覆地的革命，使 CD 唱片、VCD、DVD 影片进入了千家万户。影视设计还用相应的三维动画软件配以大型工作站高速计算的能力，完成恢弘的影视场景及动态模拟，从根本上改变了电影特技的概念，《泰坦尼克号》、《骇客帝国》、《最终幻想》等一部部经典而优秀的影片向我们展示了全数字化的虚拟影视场景，给人留下美的震撼（图 5-5-9）。

影视设计包括电影设计和电视设计，涵盖各类影视节目、动画片、广告片、字幕等的设计。自从引入电脑辅助设计技术和激光制作技术以后，影视设计的视听效果更加精彩，信息传递更加高效，影响也更广泛。较之其他的视觉传达设计，影视设计更具有信息传递的生动性、准确性和迅速性的特点。

2. 动漫设计

动漫设计是 CG（Computer Graphics 简写）行业的一部分，主要是通过漫画与动画，结合故事情节形式，以二维、三维动画、动画特效等相关表现手法，形成特有的视觉艺术的创作模式（图 5-5-10）。动漫设计主要包括动画片制作、影视广告制作、后期合成等工作，在电视台、影视广告公司、游戏公司、影视特技公司、数字媒体及多媒体设计公司、动漫设计制作公司等有巨大的应用空间。随着政府对动漫产业的加大扶持，动漫设计成为“朝阳产业技能”的代表。

图 5-5-10 《喜洋洋和灰太郎》动漫设计

动漫设计的制作过程为：原画创意→形象（角色）的原始造型；动画设计→设置关键帧，绘制过渡画面，着色完成；合成、摄制→将所有画面及背景合成并拍摄成电影胶片。

3. 游戏设计

游戏属于数字娱乐的一种，泛指以宽带和互联网技术为平台，将美术、音乐、文学、电影、网络技术融为一体的产业，游戏设计涉及出版、电信、影视、美术、软件、电脑硬件等众多行业。近几年，以网络游戏为主要形式的游戏产业规模成倍增长，并带动电脑硬件、电信、网吧、餐饮服务等相关产业产值急剧增长，这标志着我国网络游戏产业已经进入快速发展期。

游戏设计涉及好几个范畴：游戏规则及玩法、编程、视觉艺术、声效、编剧、角色、道具、场景、界面、产品化，以上的元素都是一个游戏设计专案所需要的。

4. 网页设计

国际互联网在连通世界的同时也扩展了艺术设计的形式空间。一个优秀网页的感染力大大超出静止的印刷品，能有效地吸引浏览者的注意力。网页设计的精湛形式与计算机软件、硬件技术的发展密切相关。网页最突出的是“以点对点”的互动性，受众可以主动地去选择接受的信息，突破了传统媒体的时空局限。网页信息的动态更新和即时交互性，也使人们对信息的接受方式更加灵活。

网页设计主要包括视觉设计和程序设计，虽然网页的设计不等同于平面设计，但它们有许多相近之处。在网页设计中，我们要灵活运用对称与平衡、对比与调和、节奏与韵律以及留白等手段，通过空间、文字、图形、色彩之间的相互关系建立整体的和谐、均衡而重点突出的页面。网页设计要求设计师综合考虑应用视觉流程、操作习惯、阅读习惯等多种因素，合理运用文本、背景、按钮、图标、图像、表格、颜色、导航工具、背景音乐、动态影像等网页的视听元素，巧妙地互相穿插、互相衬托、互相补充，将丰富的意义和多样的形式组织成统一的页面结构，表达出和谐与美。网页设计要越来越注重人们的生理和心理特征，使人对网页产生渴望、亲切的感觉，实现人机系统的生理、心理上的满足。

多页面站点页面的编排设计要求把页面之间的有机联系反映出来，特别要处理好页面之间和页面内的秩序与内容的关系。同时，如果企业已经有 CIS（企业形象识别系统），那么为了追求统一性，网页中的设计元素要按照 VI 中的风格进行。

5. *界面设计*

界面设计简称 UI（User Interface）设计，是用户界面设计的简称，是指对软件的人机交互、操作逻辑、界面美观的整体设计（图 5-5-11）。网页设计也是其中一个分支。界面设计以用户需求为中心，从用户自身特征开始，将不同用户群体的要求进行综合处理，在人机互动的过程中起到沟通的作用。

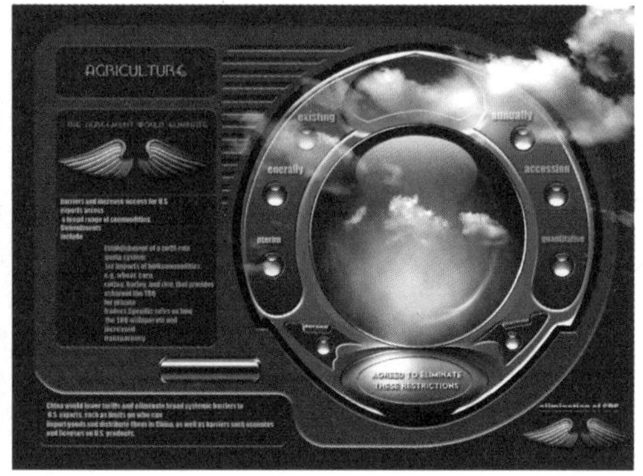

图 5-5-11　手机及播放器界面设计

界面是人与机器之间传递和交换信息的媒介，包括硬件界面和软件界面两部分，是计算机科学与心理学、认知科学、设计艺术学和人机工程学交叉研究的领域。近年来，随着信息技术与计算机技术的迅速发展，人机界面设计已成为国际计算机界和设计界最为活跃的研究方向。在人机界面中，人们以听觉、视觉、触觉等感官接受来自机器的信息，经过人脑的识别、加工、决策，然后做出反应，实现人机的信息传递。人机界面设计的好坏直接关系到人机关系的和谐、人的主体地位以及系统的使用效率。人机界面将朝着高科技、智能化、人性化、自然化、交互式与和谐的人机环境等几个方向发展。

界面设计在工作流程上分为结构设计、交互设计、视觉设计 3 个部分。界面设计将用户界面置于用户的控制之下，最大限度地减少用户记忆负担和操作难度，在操作舒适、简单、自由、便利的基础上保持界面的一致性，使其变得有个性、有品位，充分体现软件的定位和特点。

5.6　视觉传达设计的工作岗位

计算机美工文案业务：熟悉 Photoshop、ColclDRAW、Illustrator 等设计软件的操作，熟悉广告、折页、宣传页创意文案及各类新闻稿的撰写工作，负责广告出品前的终端执行即正稿制作。同时协助维护客户关系，完成客户的拜访与联络工作。要求广告或中文相关专业，有良好的文字功底和方案撰写能力，有优秀的口头表达沟通和谈判技巧。

设计师：有丰富的印前制作知识，有深厚的美术功底和审美修养，设计创意表现能力强，思维敏捷，能根据创意总监的需求开展创意设计，独立策划操作项目及提案。拥有全程的把控力，能够准确把握项目进度并稳定执行，高质量高效率完成设计任务。

美术指导：创意设计活动的中心人物，在创意总监的指挥下完成个案的创意与视觉表现工作。

创意总监：创意设计部门的主管，必须具备策略的思考与分析能力，具有良好的市场判断能力、开拓能力和提案能力，并且要有很强的领导能力。他们带领并指导创作团队进行创意构思及执行，引导团队开发创作，保证并监督创意部的作品质量。

思考题

1. 设计可有哪几种分类？它们分别体现了什么思想？
2. 视觉传达设计包含了哪些种类？分别有什么特点？
3. 现代视觉传达设计与科技发展有什么联系？科学技术如何应用在视觉设计中？

参考文献及延伸阅读

[1] 李琦．设计概论［M］．北京：电子工业出版社，2011.
[2] 郭茂来．视觉艺术概论［M］．北京：人民美术出版社，2000.
[3] 季铁．现代平面设计概论［M］．北京：高等教育出版社，2008.
[4] 王铭玉．语言符号学［M］．北京：高等教育出版社，2004.
[5] 张德，吴剑平．企业文化与CI策划［M］．北京：清华大学出版社，2008.
[6] 李巍．广告设计概论［M］．成都：西南财经大学出版社，2002.
[7] 葛鸿雁．视觉传达设计［M］．上海：上海书画出版社，2000.
[8] 朱健强．广告视觉语言［M］．厦门：厦门大学出版社，2000.
[9] 曾迪来．现代包装设计［M］．长沙：中南大学出版社，2005.
[10] 杨仁敏．CI设计［M］．成都：西南师范大学出版社，1999.
[11] 席跃良．艺术设计概论［M］．北京：清华大学出版社，2010.
[12] 安娜·埃诺．符号学简史［M］．怀宇，译．北京：百花文艺出版社，2005.
[13] 杰里米·安斯利．设计百年［M］．蔡松坚，译．北京：中国建筑工业出版社，2005.

第6章 产品设计

6.1 产品设计的概念

产品设计是新兴学科。它属于对现代工业产品、产业结构进行规划、设计、创新的专业，其作为一种广义的造物活动，涉及生活中的各个领域，一切人造物的设计都是产品设计。

柳冠中先生在《工业设计学概论》中说："工业设计的核心是产品设计，是对产品的功能、结构、材料、形态、色彩、表面处理、装饰等诸因素从社会的、经济的、技术的角度进行综合处理，是人类社会、科学、艺术、经济的有机统一体。"产品设计要用到自然科学、社会科学、设计方法论等学科，其过程可细化为调研、设计、制造、生产、管理、销售等环节，在目标上可细化为功能、审美、道德伦理、社会价值等需求，通过创造有全新视觉感受的作品来处理人与产品、社会、环境的关系。

图 6-1-1 产品设计的功能、造型和物质条件体现

产品的功能、造型和物质条件是产品设计的三大要素（图 6-1-1）。它们互为依托，其中功能是产品具有的某种特定功效和性能；造型是产品的实体形态，是功能的外在表现形式；物质技术是功能实现和造型确定必须的条件基础，包括产品选择的材料，以及各种厂家的工艺、技术设备等。产品设计的构成系统包括材料（色彩、质地、表面肌理等）、结构（零件及其组合等）、技术工艺（生产设备及工艺流程等）、生产管理（市场调查、生产组织结构和管理模式等）。

6.2 产品设计的特征

产品设计的基本特征是：产品设计是一种创造性的活动，是处理人与产品、环境、社会的关系，探求人们新的生活方式的活动。它追求物质功能和精神功能并存，其标准受自然法则、经济法则和人—机—环境因素的制约，并在合理的经济条件下进行设计和生产。

产品设计以满足使用功能的要求为首要目的。从古罗马的"实用、坚固、美观"原则，到现在我们所提倡的"实用、经济、在可能条件下注意美观"，都把"实用"放在首位。在塑造产品功能性语意的过程中，功能语意是通过组成产品各部件的材料选用、技术方法、形态关联及结构安排等来实现的。新时代的产品功能已成为多层次概念，不仅要具有实用功能，而且要具有审美功能及符号认知功能。其基于产品的实用功能，并重点考虑人们的生理、心理及社会、历史文脉等因素，对产品进行组合、调整、解构，创造出丰富的产品形态（图 6-2-1）。

图 6-2-1 USB 延长线的实用、审美与认知功能体现

产品设计要体现一定的文化内涵，体现一个时代的精神和一个民族的精神，同时也要反映使用者的身份地位、价值取向、个性特征以及文化认同，并能否体现消费者的情趣、爱好及感受。目前国外大部分品牌公司都把情感设计看做重要的战略工具，认为这是赢得顾客的关键。

产品要具有形态美，日本设计美学家竹内敏雄提出，产品的功能作为内在的活动而在生意盎然的形态中表现出来。产品的内在和外在形式提升了消费者的审美感受，满足了消费者的审美需求，是产品的高级精神因素。日本SONY公司所拟定的产品开发设计的原则就包括：一是产品设计美观大方；二是产品对于社会环境具有和谐和美化作用（图6-2-2）。

图6-2-2 SONY电脑设计所体现的美化作用

6.3 产品设计的类型

产品设计是与生活方式紧密联系的设计，是实用兼具美感的系统化设计。产品设计的应用非常广泛，小到水杯、汤勺，大到汽车、飞机，都属于产品设计的范围。在具体的产品设计实践中，根据关注领域的不同，产品设计可大致分为日用品设计、交通工具设计、服饰设计、数码通信产品设计、家具设计等类型。每个类型的设计都具备各自的特点，在设计中关注的重点也各有不同。

6.3.1 日用品设计

日用品指人类日常生活与工作中必不可少的物质器具，按原材料可分为玻璃制品、陶瓷制品、金属制品、木质制品、塑料制品等；按用途可分为文具、餐具、洁具、玩具等。据不完全统计，仅仅是与人们生活直接相关的日用品就有上千种之多，所以日用品设计具有非常广泛的实用价值。伴随着社会经济的高速发展以及科学技术的不断进步，人们的生活状态逐渐由简朴的温饱型向精致的小康型过渡，生活质量有了很大的提高。因此，为日常生活服务的日用品所涵盖的范围也发生了极大的变化，越来越多的新产品如计算器、多功能手机、摄像机之类频繁涌现，使生活充满美感和情趣（图6-3-1）。

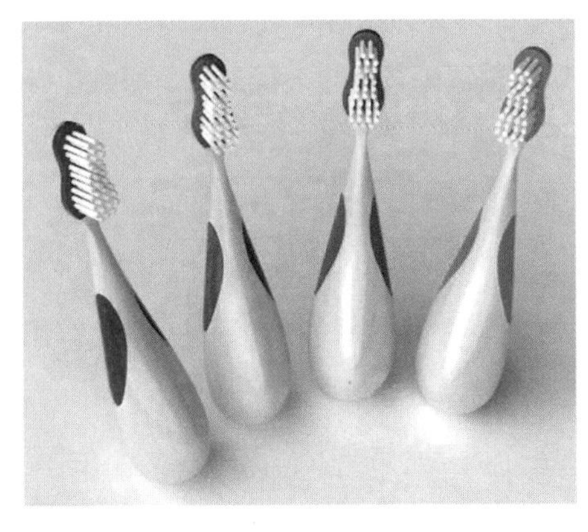

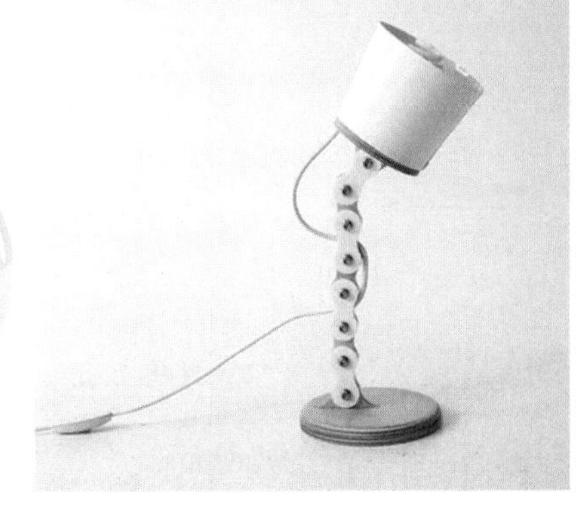
图6-3-1 日用品的创意设计

6.3.2 交通工具设计

交通工具设计是满足人们“衣、食、住、行”中“行”的设计，主要包括自行车、摩托车、汽车、轮船、飞机和各类宇航设备的设计。远在古代，人类就有“凿木为舟船、轮车”之说，交通运输工具经历了从独轮车、人力车、牛车、马车、三轮车、自行车、摩托车、汽车、火车、飞机等历史演进的过程（图 6-3-2）。

早期的时候，人们坐车、坐船的目的主要为了方便快捷地从一个地方抵达另一个地方，所以会比较注重交通工具的速度和安全设施。而现代人的“行”除了安全和快速外更在意“行”程中自由舒适的感觉。个性化、象征性的造型与舒适的结构设计是现代人的重要追求。21 世纪以汽车为主的车辆设计已融入流行文化的潮流，从轿车、旅游巴士、多功能汽车、地铁列车、磁悬浮列车（图 6-3-3）等的设计中都足以证明这种潮流中的“车文化”已经越来越受到现代人的青睐。现代车辆设计更注重个性化、舒适性、精神需求和最优化享受，由此促使车体从造型到色彩、形式、功能等一系列技术因素与艺术因素不断开拓创新。

图 6-3-2 自行车的发展变化

图 6-3-3 磁悬浮列车的设计

6.3.3 服饰设计

服装行业是目前全球化程度最高的产业之一。作为一门综合性艺术，服装设计具有一般实用艺术的共性，同时在形式、内容及表达手段上又具有自己鲜明的特色，它涉及款式、造型、装饰及其细节等多方面的设计内容，主要分为外观设计和结构设计两大类。外观设计包括绘制服装效果图、坯布造型试验。结构设计又称为纸样设计，是指从外观出发，对服装的内部结构进行相应的设计，裁剪图、服装试缝是其主要表现形式。服装设计主要包括以下要素：

材料因素——图案、色彩、质地、主料与辅料等。

造型因素——单件服装的款式和结构、造型。

装束因素——套装中各个单件之间的组合形式，其中包括服装和饰品的配合作用（图 6-3-4、图 6-3-5）。装束配置扩展了设计的空间，使单件设计趋于个性化。

形象因素——以人的整体形象为中心，并使上述各个因素形成丰富、完整的设计效果。

当前我国的服装行业正处于从产品经营向品牌经营过渡的时期，服装消费也呈现出多

图 6-3-4 服装的组合设计

图 6-3-5 服装与饰品的搭配

元化的格局，服装设计已成为服装行业发展的先导。正如中国服装研究设计中心 CFD 上海分部总裁陈敏所说："消费者越来越看重品牌的设计，同质化的产品已经没有竞争力，注重个性化的品牌需要更加专业化的设计。"本世纪以来，服装专业市场面临新的业态变革，市场从单一的交易平台提升为融信息交流、贸易洽谈、品牌汇集、流行趋势发布的综合平台，并试图通过多元的资源整合，使专业市场的所有者、经营者和客户实现共赢。

服装设计的国际宏观三大趋势（包括运动系列、环保系列和高科技面料的运用）是设计师必须把握的重点，它要求设计师对市场的发展要有深刻的认识。

6.3.4 家具设计

家具设计既属于工业产品设计，同时又是环境设计（室内设计）中的重要内容。家具按使用材料可分为金属家具、塑料家具、木质家具、竹藤家具、漆工艺家具、玻璃家具、软家具等。按结构方式可分为板式家具、框式家具、叠积式家具、构件装配式家具、组合式家具等。按功能又可分为凭倚式家具、坐卧式家具和储存家具。家具除了本身具有坐、卧、倚靠、储藏等固有功能之外，在室内环境中还起到组合空间、分隔空间和美化空间的作用（图 6-3-6）。

家具通常的设计程序：首先要通过对市场信息、材料供求、生产工艺等方面的调研，然后对使用功能、鉴赏心理、人机工学等方面进行分析与综合而形成构思形象。再经过综合优选进行设计制图，并在此过程中反复推敲造型结构、用料分寸、比例权衡、功能尺度、加工技术、反视感矫正等方面的适度性。最后是实物模型制作和家具成品制作过程。

家具反映了人类的生存方式和状态，反映了不同时期、不同民族的审美情趣和审美观念，21 世纪是生态文明时代，也是信息科技时代，而家具发展所呈现的趋势：新奇、简洁、环保，是现代人共有的审美理念。人们在大压力、快节奏的工作生活中渴望单纯、宁静的环境，而充满自然气息的环保家具能让人们感觉轻松。但新奇艳丽的家具能突破传统，给人以耳目一新的个性化享受，深受追逐时尚的年轻人青睐（图 6-3-7）。以前卫、个性著称的意大利设计品牌则形成了一股新的视觉冲击和想象空间（图 6-3-8）。

图 6-3-6 家具在室内环境中的美化作用

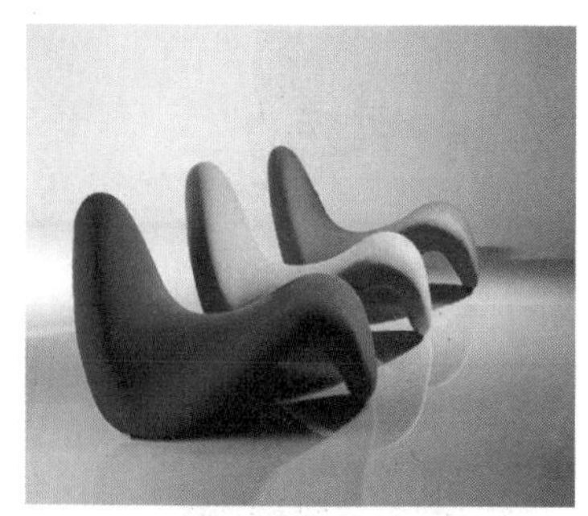
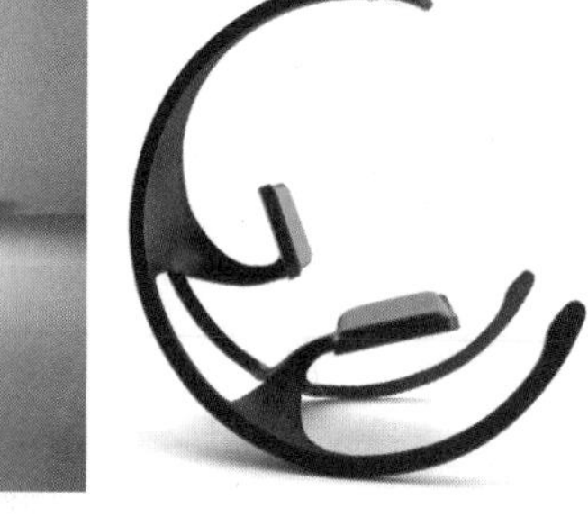

图 6-3-7 家具设计的人性化与趣味性

图 6-3-8 意大利品牌家具设计

6.4 产品设计的原则

6.4.1 符合需求

产品的功能来自于人们生活和生产的客观需求，这是产品设计最基本的出发点。不考虑客观需求的产品只会造成积压和浪费。客观需求有显性和隐性之分，显性需求的发展可导致产品的不断改进、升级；隐性需求的开发会带来创造发明，形成全新概念的产品。需求不是一成不变的，它会随着时间、地点、人物的不同而发生变化，这种不断变化的需求是产品设计进步的动力与依据。产品设计必须满足客观需求，服务于人们的生活。

6.4.2 追求创新

创新是设计的核心原则，也是时代的本质要求。设计人员的大胆创新，有利于冲破各种传统观念和惯例的束缚，发明创造出形式丰富、原理独特、结构新颖的产品，从而有助于推动社会、生产、科技的发展。

为了寻求一个崭新的产品，在构思产品方案时，设计师首先要采取发散思维，综合所有相关的信息与方案，然后再用收敛思维进行方案择优，寻求突破点，从独特的角度追求设计创新。

6.4.3 系统综合

每个产品都是一个待定的技术系统，产品设计就是用系统论的方法来求出功能结构系统，通过分析、综合与评价决策，使产品的技术集成达到最优。

产品设计的系统集成需要掌握大量的信息，包括市场信息、科学技术信息、加工工艺信息等。设计人员应全面、充分、正确地掌握与设计有关的各种综合信息，同时批判地吸收前人的成果，推陈出新，为我所用，从多方面引导产品规划、方案设计与技术设计，达到事半功倍的效果，使设计不断改进提高。

6.4.4 讲求效益

设计是一种经济、社会、文化活动，必须讲求经济效益，同时也要考虑社会效益与文化效益。为了加快实现设计的经济效益，设计师往往要加快设计研制时间，抢占市场。同时还要预测同类产品可能发生的变化，保证所设计的产品投入市场后不成为过时货。

在社会与文化效益方面，设计师要着重在产品中体现绿色环保、人性关怀、文化内涵、和谐发展的思想，在造型美学、技术性能等方面采用科学的方法，实现高效、优质、经济的设计。

6.5 产品设计的理念

欧共体国际社会艺术研究所发表的《家具文化与艺术展示来自欧洲的改变》指出，未来产品设计将向以下方面发展：①便于更新；②富有个性；③安全可靠；④新奇刺激；⑤舒适宜人。美国工业设计师协会（IDSA）每年一次评选出“杰出工业设计奖”，评估标准有：①创新设计；②外观吸引顾客；③有益顾客；④适当的材料和高效率的生产成本；⑤有明确的社会影响力；⑥有益环境。日本 G-Mark 大奖的评审委员会认为“好的设计”应该具备以下元素：①实用的；②对安全的关怀；③美的表现；④满足使用者的需求；⑤优越的机能或性能；⑥对使用环境的关怀；⑦价格和价值的平衡；⑧容易使用。

另外，产品设计已不只是产品造型，而变成了一种符号或称为产品语言，形成了品牌效应，现代产品设计越来越注重符号与品牌的特征。产品品牌代表了一个企业及其产品一贯的形象、信誉、质量等，也体现了其长期拥有的理念、价值认可度和认知度。人们评判产品是以其展示的品牌价值为基准的，企业如果需要创建和提升企业品牌效应，就必须将企业品牌价值（或价值观）和产品设计、生产、运营等活动相互配合并取得高度的协调。

在这些标准与趋势下，现代产品设计有很多新的理念，现对部分常见的理念阐述如下。

6.5.1 绿色设计

工业设计为人类创造了现代生活方式和生活环境的同时，也成为人们无节制消费的重要推手，加速了资源和能源的消耗，对地球的生态平衡造成了极大的破坏。“有计划的商品废止制”就是这种现象的极端表现。在这样的背景下，绿色设计应运而生。绿色设计也称为生态设计，是 20 世纪 80 年代末出现的一股国际设计潮流，反映了人们对现代科技文化所引起的环境破坏的反思，同时也体现了设计师道德和社会责任心的回归。

对工业设计而言，绿色设计的核心是“3R”，即 Reduce、Recycle、Reuse，要求不仅要减少物质和能源的消耗，减少有害物质的排放，而且要使产品及零部件能够方便回收并重新利用或再生循环。绿色产品设计包括：绿色材料选择设计、绿色制造过程设计、产品可回收性设计、产品可拆卸性设计、绿色包装设计、绿色物流设计、绿色服务设计、绿色回收利用设计等，以寻找和采用尽可能合理和优化的方案，使得资源消耗和环境副作用降到最低（图 6-5-1）。

图 6-5-1 获得最佳绿色设计奖的华硕“竹韵”笔记本电脑

在西方，绿色设计又被称为“再设计”（re-design）。再设计的标准包括以下方面。

（1）re-duce，设计要把浪费降到最小化，提高人们的环保意识。

（2）re-source，设计要使用可更新的自然材料，并确保材料可长期供应。

（3）re-make，设计要易拆解，零件可多次重复使用。

（4）re-create，个性化设计，鼓励消费者和产品建立持久关系。

（5）re-spond，社会化设计，与他人产生互动。

（6）re-mind，设计应带有历史烙印，提醒人们珍视传统。

（7）re-use，设计应能创新地利用已有产品及部件。

（8）re-cycle，由废弃材料再加工而成的设计。

（9）re-claim，用废原材料制成的设计。

6.5.2 人本主义设计

人本主义设计又称为人性化设计，是当代流行的一种注重人性需求的设计（图 6-5-2）。人性化设计要求产品在造型、结构、材料、色彩、尺寸等方面都符合消费者需求，符合消费者的心理和生理特点，减轻人体疲劳感，增强安全性，尤其要注重为老、幼、病、残进行体贴、周到和优先的考虑。例如就计算机而言，使用者操作时手臂的悬空造成了肩颈部的静态疲劳，甚至塌腰驼背，而要解决诸如此类的问题，设计师就必须充分考虑人性化设计的因素。

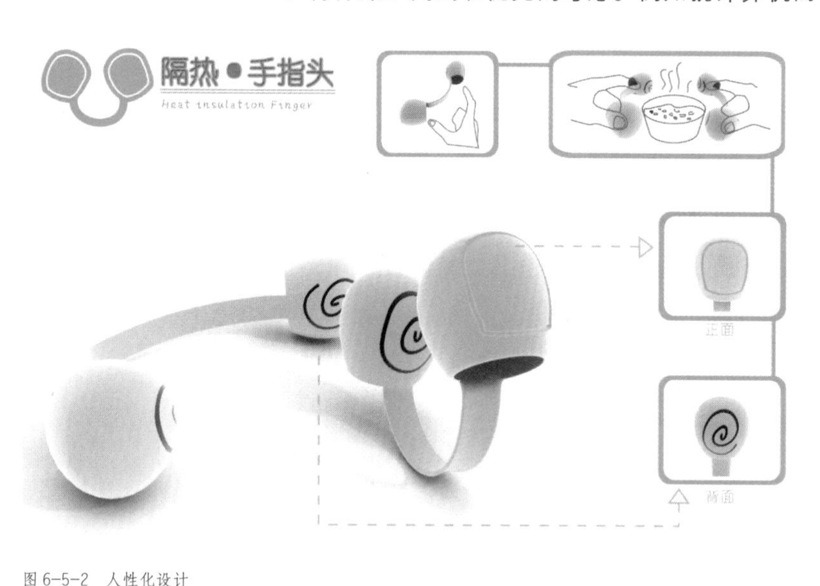

图 6-5-2 人性化设计

消费者在购买商品时，是以产品的视觉效果、使用舒适度及价值来决定购买行为的。而设计师应该为这些因素负责，在确保产品安全性的前提下更多的符合美学及潮流，同时兼顾心理感受，即以产品人性化的需求为主。在这种情形下诞生的人性化设计既满足了受众的心理需求，也满足了产品的功能性。人性化的产品最主要的特点就是以人为本，人是设计的出发点和归宿，人性化产品是人与物完美结合的设计，即人性化设计是更高层次的设计，不仅是使用功能和审美功能，还反映了民族传统、人文关怀、宗教文化等层面。

6.5.3 仿生设计

仿生设计是模仿生物形态的设计，是现代产品设计与仿生学结合进行创造性设计的过程。各种生物在进化和成长过程中，形成了它们独特的生命组织和活动能力。在能量转换、生存机制、信息识别等方面，许多生物所拥有的速度、灵敏度、效率、精巧都令人叹为观止。因此，人们把探索和学习的目光转向了生物界。仿生学把各种生物系统所具有的结构、形态、功能原理和表面肌理等作为生物模型进行研究，希望在技术发展中能够充分利用这些特点，推动新技术的实现并设计出更新型的产品。

1. 产品设计中的形态仿生

大自然中，蜻蜓翩翩的倩影、大象笨拙的体态、海螺螺旋纹精美的图案和狮子王的飒爽雄姿等非凡动作与形态，都将成为产品设计师开启智慧与灵感的钥匙和进行设计创造的原动力（图6-5-3、图6-5-4）。仿生的内容涉猎极为广泛，既有自然界的有机生物体（动物、植物、人物、微生物等），也有无机物存在（山川、日月、雷电）的外部形态及其象征寓意。

图6-5-3 餐具仿生设计

图6-5-4 沙发仿生设计

2. 产品设计中的结构仿生

世界上许多生物在漫长的进化与演变过程中，都会形成合理、实用且完整的形态结构与独特功能，例如，飞鸟启发了飞机的设计，不仅因为飞鸟的形态优美，而且由于它展开时身形扁平而减小风阻；现代潜艇来自海豚和鱿鱼的轮廓比例和结构原理，由此它的速度提高了20%~25%。还如钢结构的建筑仿制于蜂巢，国家大剧院模仿鸡蛋形的薄壳结构，悬索桥的结构源于蜘蛛结网，等等，数不胜数。将自然界动、植物的结构原型转换成独特造型元素，再辅之以现代的设计理念，以舒适的造型和巧妙、夸张的手法，创造出既不失原始自然形态结构之美，又有现代时尚的原创之美的优秀作品，成为拓宽设计师创新能力的一种有效途径。

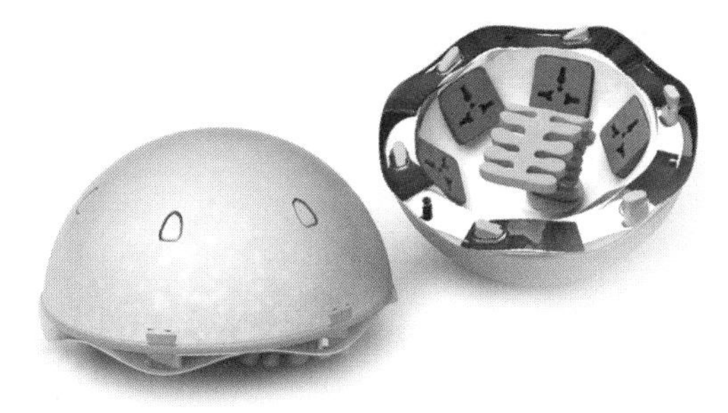

图6-5-5 水母排插仿生设计

图6-5-6 家具仿生设计

3. 产品设计中的功能仿生

荒野中的小草虽然瘦小娇嫩，但它能凭借其纤细结构与风雨抗衡；蚊子尖细的针刺嘴能渗透人的皮肤吮吸浓浓的血液；蜻蜓的翅膀又薄又轻，但恰好是身体向前飞行的利器。产品设计中仿生学的运用，能从极为平常的生物结构和功能上获得直接或间接的形态造型启发。例如蝇眼照相机的发明得益于苍蝇高分辨率的双眼；蛙眼卫星跟踪仪源于青蛙眼的功能。

在众多的仿生形式中，还有“信息传递”仿生，是仿生设计中程度最高的一种。生物之间通过气体、超声波、电场、声音、色彩、地球磁场等，传递觅食、防卫、交配等信息。如果能将其加以研究和利用，改变人类以视觉和听觉为主的信息传递方式，对生活、生产、军事建设等方面都将具有极其重要的价值。

在解决未来设计中的各种难题时，仿生设计是一把重要的钥匙，从大自然生物形形色色的形态中去认识并利用它们的功能与结构，吸取其精华，并发挥应用，可最终演绎成充满艺术活力的产品造型。

6.6 产品设计的工作

产品设计师，即从事产品设计的人，他们通过对人——产品——社会属性的研究，确定产品的功能、形态、材料、色彩、使用对象、使用环境，设计时综合考虑社会的、技术的、经济的等各种因素，包括工艺、技术、结构、成本等，在保证设计质量和创意实现的前提下，将产品变得更有价值，并成为联系企业、市场与用户的桥梁，实现企业效益和顾客需求双赢的最终目的。

产品设计是一个团队合作的工作。产品设计师通常需要和市场专家、程序设计者、结构工程师一起工作，目前除了专业的设计公司和设计机构，在很多现代大中型企业内部都成立了设计部门，集中内部设计师进行设计工作，如通用汽车公司雇用了数以百计的设计师。有些没有专门设立设计部门的小企业也可能有少数设计师分属生产、管理、市场或销售部门进行设计工作。

思考题

1. 什么是仿生设计？仿生设计可以从哪些方面对生态系统进行模仿？
2. 新产品开发的流程是什么？它们将会面临什么变化？
3. 现代产品设计有什么新思想？如何体现时代发展的需要？
4. 产品设计师如何配合团队来进行设计？

参考文献及延伸阅读

[1] 柳冠中 . 工业设计学概论 [M] . 哈尔滨：黑龙江科学技术出版社，1997.
[2] 李砚祖 . 造物之美 [M] . 北京：中国人民大学出版社，2000.
[3] 庞志成，于惠力 . 工业造型设计 [M] . 哈尔滨：哈尔滨工业大学出版社，1995.
[4] 席跃良 . 艺术设计概论 [M] . 北京：清华大学出版社，2010.
[5] 王明旨 . 产品设计 [M] . 北京：中国美术出版社，1999.
[6] 许平，潘琳 . 绿色设计 [M] . 南京：江苏美术出版社，2001.
[7] 李乐山 . 工业设计思想基础 [M] . 北京：中国建筑工业出版社，2001.
[8] 王受之 . 世界现代工业设计史 [M] . 广州：新世纪出版社，2004.
[9] 李砚祖 . 产品设计艺术 [M] . 北京：中国人民大学出版社，2005.
[10] 方海 .20 世纪西方家具设计流变 [M] . 北京：中国建筑工业出版社，2001.
[11] 何灿群 . 产品设计人机工程学 [M] . 北京：化学工业出版社，2006.
[12] 李琦 . 设计概论 [M] . 北京：电子工业出版社，2011.
[13] 严扬，王国胜，等 . 产品设计中的人机工程学 [M] . 哈尔滨：黑龙江科技出版社，1997.
[14] 赫伯特・A. 西蒙 . 人工科学 [M] . 武夷山，译 . 北京：商务印书馆，1897.

第7章 环境设计

7.1 环境设计的含义

环境是指人们在现实生活中所处的各种空间场所，是由若干自然因素和人工因素组成的，并与生活在其中的人相互作用，是以人为核心的人类生存的环境。环境涵盖的范围比较宽泛，指围绕着生物体周边的一切外在状态，一般情况下分为自然环境、人工环境、社会环境。自然环境是由山脉、水域、草原、森林等自然形式和风、霜、雨、雪、雾、阳光等自然现象所构成的系统。人工环境是经过人工创造的实体环境，由构筑物、建筑物及其他形式所构成的系统，包括它们所围合和限定的空间。社会环境是指人类创造的非实体环境，由生活方式、社会结构、历史传统和价值观念所构成的社会文化体系。

环境设计是一个比较新的设计概念，一直到 20 世纪 80 年代环境设计的观念才被人们普遍认同。在此之前，人们对环境设计的认识仅仅停留在室内装修上。环境设计这个命题的提出，是出于人类对自身和环境空间的保护。现代环境的现状，包括粉尘、城市噪声、高分子化合物的挥发、水质和农作物的变质以及充斥整个环境的硬质污染物，都严重地损伤了人类的生存环境。环境设计，也就是对自然空间的再设计，包括物质上的和精神上的重新塑造。现如今，人们更向往的是“舒适空间”、“人性空间”与“心理空间”综合的多元化空间（图 7-1-1）。现代的环境设计主要关注的是两个要素：一是人，二是环境。当今环境设计的一个中心议题，就是如何协调好人与环境的关系，使其和谐统一，形成一个舒适、完整、美好、宜人的人类活动空间（图 7-1-2）。

图 7-1-1 人类居住的“舒适空间”与“心理空间”

图 7-1-2 环境与人相互作用形成的系统

在我国，环境设计是一门新兴的学科，其脱胎于室内设计，而室内设计最早起源于艺术院校的美术学科，又得益于工科院校的建筑学科，20 世纪 60~70 年代形成独立专业，1988 年才首次正式列入教育部学科专业目录。继国务院学位委员会于 2011 年 2 月新增艺术学为第 13 个学科门类，设计学升为一级学科后，教育部于 2012 年 9 月颁布的《普通高等学校本科专业目录》中把环境设计列为二级学科，已经融合了景观设计、园林设计、城市设计和建筑设计等众多内容。目前国内的环境设计主要由建筑学科阵营和艺术学科阵营构成，包括艺术学、建筑学、材料与工艺学、心理学、人体工程学、美学、行为学等多学科的相互交叉。

7.2　环境设计的特征

环境设计的重要特征表现为其跨学科的综合性，相比起单一的建筑设计，它更多地考虑该建筑在整个环境中的构成位置以及存在的意义与价值。正因为其综合性和整体性的特色，环境设计在表达人们的生活观念、时代的审美追求以及科技的发展水平方面有着代表性的意义。社会的发展使环境设计成为现代社会生活的中心，现代环境设计理论把平衡社会利益、信息交流、价值评估等概念都引入到设计中，对环境视觉质量、使用者的特殊需求、历史文化的延续和保护、环境形式与意义的关系等环境生态平衡问题深入探索，使环境设计在强调人—物—自然的关系上更为完美。

7.2.1　环境设计的造型性特征

环境设计功能形式信息的最直接的媒介是外在造型形式，环境设计的形式特性表现为通过直觉体验到环境所具有的外在造型、色彩、肌理、形态、方位、表情和尺度等方面的构成特性（图7-2-1）。环境设计既受到实用功能的制约，又受形态识别的影响，与功能、审美都有着相辅相成的本质联系。

图 7-2-1　央视大楼的环境形式特征

7.2.2　环境设计的生态性特征

环境是围绕大自然生物体周边的一切外在状态，人是生物体的重要组成部分，而大自然中的空气、海洋、陆地、植物、水则是环境设计所研究的对象，人们通过对原生态的环境进行研究与探索，达到人与环境的和谐共生。设计师在进行环境设计时，必须深入考虑人的生活方式，并对社会、时间、季节、地势及气候等诸多要素进行分析，不断调整人与生态之间的适应关系，以足够的灵活性和适应性满足人与自然和谐共存的目标。

7.2.3　环境设计的主客观特征

环境设计要满足人们共享、参与、交往、安全等社会心理的需要，要满足人们工作、休憩、交通、聚散等主客观的要求。它以创造具有实用价值和艺术品位的环境为目标，研究人类对生存环境的审美规律和审美要求，使其能促进人们的身心健康、激起人们的美感、调节心理情绪和提高生产效率等，更好地服务于人类，这是在环境艺术中的主观因素。环境设计通过造型、尺度、光色、材料、质地、比例以及形式美的法则去营造一个适宜功能的环境，同时还要研究声音、空气、气味、温度等因素，通过空间的组合秩序实现人与生活、环境的协调，并起到了调节人的精神状态，减轻生活负担和提高生活质量的作用，这是与主观相融合的客观因素。

7.2.4 环境设计的社会性特征

环境设计涉及艺术与技术两大领域，与社会科学有着密切的联系，与社会生活密切相关，体现了社会群体的生活习俗、价值观念与心理结构，是社会生活层面在环境艺术中的文化象征。环境设计是在城市历史发展过程中逐步形成的，各种历史事件、各阶层民众的需求以及执政者的政策都在环境设计中留下了痕迹。它包含了极其丰富的社会信息。

7.2.5 环境设计的综合性特征

环境设计所追求的目标是创造一个综合的系统，而人与环境是这个复杂的系统里最为重要的元素。它们之间相互作用和影响，达到和谐共生的发展状态就是人类追求环境的最高境界。环境设计的综合性特征体现在社会效益、经济效益和环境效益等多种效益状态的一体化。环境的设计是创造出人工环境，其目的是为了让人能在这个环境里健康、舒适、愉快、安全地生活。21 世纪环境设计的主要目标是利用高科技向高层次的生态环境迈进（图 7-2-2）。

图 7-2-2 某小区综合环境设计

7.3 环境设计的功能

除了协调人与环境的关系，为人们提供一个舒适、完整、美好、宜人的活动空间外，环境设计还是人的情绪和情感的调节器。为了达到这个目的，环境必须贴近人们的日常生活，减少心理距离。人与环境之间的关系具有双重性特征，人设计并创造了环境，环境又以暗示和潜移默化的方式反作用于人，使人在环境的影响下被塑造。

环境艺术与其他造型艺术一样，具有一定的性状和形态，传达一定的情感信息的含义，而且具有明显的社会属性和自然属性。自然属性属于物理元素，例如天然的山川地貌、阳光空气和建筑材料的肌理质地等。社会属性也称为“情感属性”，是人为的。人们在创造环境中，按照头脑中的创作意象，加入环境中的人文成分，譬如象征含义、伦理观念、历史传记、社会风情、宗教意识等，这些人为要素与使用者产生环境信息、情感信息的交流（图 7-3-1）。社会属性以有形和无形的两种形态产生刺激作用。有形的因素称为显性元素，主要以引导与明示的方式起作用；无形的因素（社会规范、词语、风俗民情等）称为隐性元素，主要以暗示与隐喻的方式起作用。

图 7-3-1　环境设计传达历史文化内涵的功能体现

7.4　环境的空间体系

我们赖以生存的环境通过空间的建筑实体与虚体的动态联系，与人的时间运动相交联，是一个四维时空统一的连续体。环境空间体系包含室内、室外两部分，室内空间具有更加鲜明的空间限定和时间序列。建筑中实物的空间限定包括 4 种形态：地面、柱梁、墙面、顶棚。地面，是以具体周界限定的基础空间；柱梁，相互间的存在构成通透的平面，限定出立体的虚空间；墙面，以实体形态存在的面，并在地面分割出两个场；顶棚，是建筑空间终极的限定要素，形成建筑完整的遮护性能，使建筑空间成为真正的室内。在空间限定场效应中最主要的因素是尺度，而衡量室内外设计成败的关键是空间限定要素之间的尺度是否得当。

按照空间组合形式，空间序列的类型可以分为短序和长序、简单序列、复杂序列、垂直序列和平直序列等。序列空间又可以划分为前景、发展、高潮以及结尾 4 个部分。前景，就是开端，是指通过相应的造景手段，使人从纷杂繁复的心态中将注意力集中到环境气氛中，就是所谓的内心定情；发展，即经过前景后逐步深化，把环境设计重点放到“引人入胜”、“星移斗转”的境界，不断发展组织空间；高潮，是指人的情感、注意和兴致因高潮的出现而振奋，令人流连忘返；结尾，中国传统序列空间很讲究结尾处理，希望能让人回味无穷、景断意联，就像听说书的“且听下回分解”一样意犹未尽（图 7-4-1）。

图 7-4-1 环境设计的层次结构

7.5 环境设计的分类

环境设计具有系统性和整体性的特点，它涉及的因素非常复杂，而且其研究范围与内涵还在不断丰富中，因此要将环境设计硬性从理论上分成几个领域并不科学。但为了教学研究的需要，一般把环境设计分为城市规划设计、建筑环境设计、室内环境设计、园林景观设计和公共艺术设计 5 个方面。

7.5.1 城市规划设计

城市规划设计是通过对城市环境建设的发展进行综合的部署，从而创造出满足城市居住需要与精神需求的环境。21 世纪以来，我国不断向城市化方向发展，城市人口比重和数量不断增长。人口过度集中，消费、交通紧张，三废污染等社会问题逐步增加。因此必须通过持续不断的城市规划设计和采取相应的协调措施来控制这些失衡与矛盾。

城市规划是一定时期内实现社会与经济发展目标所制定的城市建设综合性计划，成为各项工程建设与技术管理的依据。城市规划需要按照国家的经济政策、建设方针、社会发展的区域规划、城市基础、自然条件和居民的生产生活等方面的要求进行规划设计，其内容一般包括：拟定各类城市建设的规模、标准与用地要求，计划与研究城市发展的性质、用地范围和人口规模，制订城市各组成部分的布局、用地区域、城市的形态和风貌等。

城市的规划设计强调“以人为本”，必须面对的最基本关系就是处理人与自然的关系（图 7-5-1）。从而创造出“健康、安全、舒适、便利”的人居生活环境。在追求人与自然和谐的同时，更加要注重人与人之间的和谐。城市必须为社会公正、自由、平等与尊严提供良好的环境。城市的规划应该反映居民多方面的权利与需求，创造和谐的城市“人居环境”。

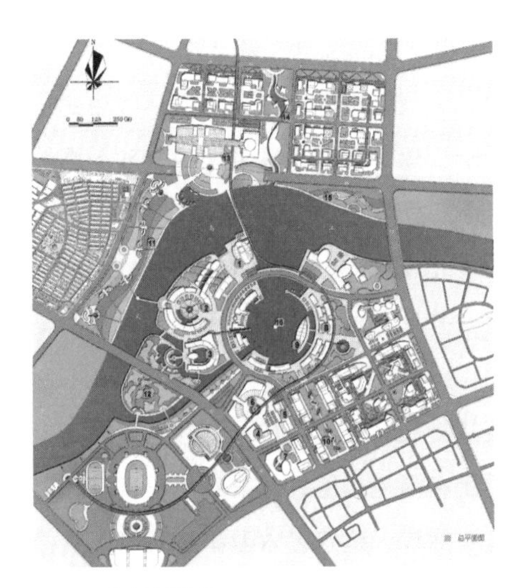

7-5-1 城市规划设计

7.5.2 建筑设计

建筑设计是指对建筑物的空间、结构、功能及造型等方面进行的设计。从原始的筑巢掘洞，到今天的摩天大楼，建筑设计无不受到社会经济技术条件、地区自然条件、民族文化以及社会思想意识的影响，如藏族的碉楼、福建的土楼、湘西的吊脚楼、傣族的竹楼等，都为了适应当时当地的自然形势，达到了人居与环境的完美契合、水乳交融（图 7-5-2）。

图 7-5-2 各种风格的建筑设计

当代的建筑设计，既要注重建筑实体本身，更要注重建筑与建筑之间、建筑与环境之间的“虚”空间；既要注重单体建筑自身的比例式样，更要注重群体空间的构成方式；既要注重建筑本身的造型美，更要注重建筑与周边环境的协调与搭配。

1. 建筑设计的类别

建筑以其庞大的形体对人类的物质和精神生活产生了深远而持久的影响，构成了人类历史上一种特定的物质存在形式。从古至今随着人类需求的变化和发展，建筑的类型越来越丰富，主要分为工业建筑设计、园林建筑设计、民用建筑设计、宫殿建筑设计、商业建筑设计、宗教建筑设计、陵墓建筑设计等。不同类型的建筑，其造型、功能和物质技术要求各不相同，必须以不同的设计特征来满足使用者对其物质与精神上的需求。

2. 建筑设计的特征

除具有造型艺术的基本特征外，建筑还具有以下 4 方面的特性。

一是技术性。建筑设计在本质上是一种科学的概念，科技的进步为建筑的发展提供了可能。在现代工程学下，建筑已经具有 100 多年前无法想象的技术，使其明显区别于其他艺术形态。建筑是艺术创作与工程技术紧密结合、多学科交融的综合性设计。

二是建筑物始终与一定的自然环境密切联系。建筑一经落成，就成为人类环境中的一个硬质实体，同时建筑风貌也被一定的人文景观所影响，建筑的艺术性要求建筑和周围的环境相互配合、水乳交融，构成特定的以建筑为主体的艺术环境。

三是建筑环境从根本上提供了人的居住和活动场所，是体现人居性特点的生活空间。人类居住与活动最具实用性的需求首先是坚固、耐用，并且它紧密的联系着建筑本身的美观。建筑设计的本质特征即为实用和审美的双重性。

四是建筑的艺术和精神含量的抽象性。对于建筑的物质功能，我们可以在设计规范中找到最基本的量化特点，然而对于建筑特有的艺术质量和精神功能，却很难用语言表达清楚，因为建筑设计的过程本身就包含着各种层次的模糊标准，建筑艺术形象具有极大的抽象性。

7.5.3 室内设计

室内环境设计即围绕建筑物内部空间进行的环境艺术设计。具体地说，是运用艺术处理手段和物质技术手段，创造出美观舒适、功能合理、符合使用者生理及心理需求的室内空间环境。

室内设计的关键是塑造室内空间的总体艺术氛围，从概念到方案、从方案到施工、从平面到空间、从装修到陈设，都要构成符合现代功能和审美要求的高度统一的整体。室内设计以众多装饰物为基础，以美学原理为参照，它运用人的审美观、物质技术、想象力及艺术手段，创造出功能合理、美观舒适、符合人的生理和心理需求的室内空间。

各种类型的室内空间由于使用功能的不同而有所区别，如娱乐用的娱乐空间、商业用的商业空间、行政用的办公空间、供我们生活活动的家居空间等各有不同。

1. 室内设计的任务

室内设计的任务，首先要体现“以人为本”，运用人体工学的规律，满足人们工作、生活及心理的需求；其次，要科学合理地组织和分配空间，将室内环境尺度、形态和比例进行周密安排，并考虑空间与环境的关系；最后，要把形式和功能统一在一起，塑造出室内空间的整体艺术氛围。在实体设计中，要从美学角度充分考虑地面、梁柱、门窗和家具等方面的布置，还包括地毯、灯具、布幔、花卉植物和艺术品的陈设等问题。而在虚体空间设计中，要精心考虑所有空间的组合，以及艺术、心理方面的效果，使室内环境既具有使用价值，又能反映建筑风格、历史文脉以及环境气氛等多种效应（图 7-5-3）。

图 7-5-3 室内设计的环境气氛效应

3. 室内设计的系统

现代室内环境设计是一项综合性的系统工程，它已经不再是时间艺术或空间艺术的简单表现，更不是传统意义上的二维或者三维的概念，而是两者综合的时空艺术整体形式。从内容上说，室内设计应包括以下几个方面：

（1）室内空间设计。是指运用空间限定的各种手法对墙、顶和地等进行空间形态塑造。常见的空间形态包括：具有起景、高潮、结景与过渡运动的动态空间；具有内向性、私密性和安全性的封闭空间；具有外向性、通透性的开敞空间；无完备隔离形态、意象限定性的虚拟空间；适应公共活动的共享空间；高爽、灵活悬吊的悬浮空间；局部抬高或者下沉的起伏空间等。

（2）室内装修设计。是采用各种技术手段、物质材料以及美学原理，对建筑物空间围合实体的界面进行处理和修饰的工艺技术设计。室内装修设计既能提高建筑的使用功能，营造建筑的艺术效果，又能起到保护建筑物的作用。室内装修设计主要包括：一是天棚装修设计；二是墙面装修；三是地面装修；四是门窗、梁柱等也在装修设计范畴内。

（3）室内装饰设计。包括装饰和陈设设计，是指对建筑物内部物品的造型、色彩及用料进行设计加工，包括对家具、门窗、陈设品、帷幔、铺物及设备的布置设计。

（4）物理环境设计。是对室内的采光、照明、气候、通风、温湿调节、总体感受等内容进行设计，这些也属于室内装修设计的范围。

7.5.4　园林设计

园林设计是在传统园林理论的基础上，运用建筑、美学、植物、文学等相关知识对自然环境进行有意识的设计改造过程。具体地说，就是在一定地域范围内运用园林艺术和工程技术手段，通过营造建筑、种植植物、改造地形和布置园路等途径创造美的自然环境以及生活、游憩境域的过程。园林设计的内容包括指标制定、规划范围、地形设计、功能分区、建筑布局、景观设置、园路铺设、绿化配置等。

1. 园林设计的种类与特点

园林景观按主体的不同可分为3种：一是自然景观，如花草、山林、瀑布、峡谷以及日出日落等动态自然景色；二是人工景观，包括泛光照明和水景喷泉等；三是自然与人工结合的景观，包括旅游景点和城市园林等。现代意义的园林，已超越了传统公园的概念，它包含了城市绿地系统、各类城市公园、风景名胜区域、建筑环境绿地、传统园林、各类花园花圃等。

园林景观的重要特点是自然美的真实性，它傍依景致，浓缩各类山水景点到寸金之地，用“借景”的手法演绎自然的真实美。园林还具有整体性，把园林建筑、地形水景、园林色彩、植物配置等要素组织成艺术整体。另外，在园林空间中聚集着多种艺术的美，如建筑、诗歌、文字、雕塑、绘画、书法等，各门类艺术互相交融渗透，产生了整体美。如广东名苑“宝墨园”的《清明上河图》创下了我国园林陶瓷壁画之最，与园林的其他景致完好地融合为一体（图7-5-4）。

2. 园林构筑物与建筑小品

园林构筑物，即小型的装饰建筑物，是供人们观赏游憩的装饰元素，包括各类亭、台、楼、阁、厅、堂、廊、榭、舫以及游廊等。如无锡蠡湖公园的游廊、王羲之兰亭之阁（图7-5-5）等。

图 7-5-4 宝墨园的清明上河图

图 7-5-5 王羲之兰亭之阁

西方园林中带有拱券的哥特式、巴洛克式、洛可可式的钟楼、城堡、亭楼、柱廊等园林建筑常出现在中国现代园林中，中国式的园林建筑在西方也常出现。无论中西方，这些建筑小品在造型、选址、比例、质感、尺度、色彩以及与环境的协调方面特别讲究。

3. 园艺雕塑与水景营造

植物形态多种多样，造型变幻万千，在园林绿化中常组合成各类美丽的图案。当代流行的“园艺雕塑”使过去人们心目中只能作为陪衬的植物成为今天城市园林的视觉中心。如美国罗德岛普茨茅斯修枝“动物园”园景囊括了大象、骆驼等80余种叶雕动物，个个栩栩如生（图7-5-6）。这类“修枝”绿化设计中，倾注了人们对生态环境极大的投入。

图 7-5-6 罗德岛普茨茅斯园景

园林中的瀑布、喷泉、水流以及叠石造山，创造性地营造出优美的园林水环境，尤其以喷泉形式的理水为多，叠水、溢流、瀑布、壁泉、水帘、溪流也各有特色，科技的进步促使漩流、水涛、泄流、间歇泉以及各种音乐喷泉等层出不穷，创造出极具视觉效果的现代园林。

7.5.5 公共艺术设计

公共艺术，即装置在公共空间中的环境艺术创作。公共空间的范围相当广泛，包括车站、街市、机场、广场、大堂、园林和城市绿地等。在这个庞大的人造空间中，不但有壁画、喷泉、雕塑、围栏，还有街灯、售货机、路椅、广告、指示牌、话亭……它们带给城市无限生机和活力，同时也是国家和地区人文精神的象征。

1. 公共艺术的作用

巴黎塞纳河畔的埃菲尔铁塔会让人感受到这座城市深沉的文化积淀和魅力；上海黄浦江畔的“东方明珠”能使人感觉到城市的底蕴并对它产生神往之情。优秀的公共艺术的现象是一座城市中的点睛之笔，它联结着人们对社会文化的传达、地域的认知、材质与环境、人文活动、实质空间的结构及心理情感的互动。

2. 公共艺术的类别

公共艺术的范围非常广，在艺术形式上包括绘画、雕塑、广告、表演、音乐直至园艺等形式；在艺术功能上包括休闲性、点缀性、实用性、纪念性、游乐性直至庆典活动等公共艺术；在展示内容上可由平面到立体、室内到室外、壁画到空间、直至地景艺术等。结合环境景观设计，从视觉实体形态的特点出发，可以把公共艺术划分为以下几种形式。

图 7-5-7 青岛城市雕塑

（1）城市雕塑。也称为景观雕塑或环境雕塑，是雕塑艺术的延伸。无论是广场、公园、小区绿地和街道间的城市雕塑，还是建筑群或纪念碑的雕塑，都已成为现代城市人文景观的重要组成部分（图 7-5-7）。城市雕塑设计不只局限于某一雕塑本身，而是在塑造一个城市的精神美，它离不开对合宜的环境主题的凝成、环境意识的提炼以及场所空间的组织营造。

（2）城市壁画。是与建筑共存的一种城市景观。它附属在建筑的特定部位——墙或天棚，成为城市里一道亮丽的公共景观线。现代城市壁画有两种趋向：一是探索新材料与新手法、新技术的运用，挖掘传统材料的内在品质，如利用中国画、油画、磨漆、丙烯等与工艺技术结合；二是打破原来的专业壁垒，建筑师、设计师、雕塑家等共同参与。

（3）城市照明。随着城市经济的高速发展，城市夜景照明成为不可或缺的一部分（图 7-5-8）。由灯光塑造的丰富多样的优美城市空间和景观环境，有着丰富的物质生活和精神生活内涵。因此，城市夜景照明不仅表现为审美的特征，也是一种感性与主观的意识形态。其中，道路照明对于城市景观的作用首先在于其功能性，其次才在于路灯本身的艺术性——造型、色彩、高度、布置方式等也是城市景观的重要影响因素。

图 7-5-8 珠江两岸的灯光夜景设计

（4）装饰围栏。城市装饰围栏具有分隔空间、围范、组织疏导人流的作用以及强烈的装饰性，犹如音乐中的五线谱，环绕着园林、宾馆、运动场、宅区、学校等各种公共场所，组成和谐的音符群。装饰围栏一般分为3类。一是建筑体装饰围栏，一般依附于建筑物，作用是遮蔽与装饰空间；二是绿化带装饰围栏，包括人行道绿化带、休闲角绿化带、广场绿化带、滨河绿化带等，主要起消除噪声与净化空气的作用；三是场体行道围栏，是足球场、溜冰场、果林场、游泳场等露天公共场所的外围与装饰设置，一般多采用石料、金属或水泥等材料制成。

7.6 环境设计的工作岗位

环境设计师，就其工作职责而言就是创造美好、完整、舒适宜人的活动空间。为了达到改善人们生活质量、保障公众健康、提高工作效率、安全与福利的目标，环境设计师一般有以下职位。

（1）CAD绘图员。熟悉制图和施工规范，能熟练应用CAD软件，根据设计要求绘制施工说明图、平面图、地面图、顶面图、节点详图、剖面图、内立面展开图等。

（2）效果图绘图员。有一定的美术功底，具有手绘或计算机效果图制作能力，能根据设计师要求绘制效果图。

（3）助理设计师。有一定的设计基础，了解基本设计原理，掌握测量、预算、文案设计等技能，协助设计师工作。

（4）施工图设计师。了解室内装修的平面图、剖面图、立面图和装修构造大样做法、室内装修的材料图示、构造表示方法等，如电器、开关、石材、玻璃等在图纸上的表示方法。

（5）方案设计师。具有深厚的美术功底和审美修养，对设计概念、创意发想和创意执行拥有全程的把控力。具有独立策划操作项目及提案的能力。

（6）主案设计师。了解设计的功能要求、创意亮点、寓意风格和格局布置，具有选择材料、构造和实施深化能力，具备对建筑施工图的识图能力，能对室内设计的总体过程进行把握，并带领和指导重要品牌的创意构思及执行，保证设计及施工质量，能带领创作团队进行工作。

（7）项目经理。熟悉各工种之间的相互关系与前后顺序，并给予施工指导，以保障施工品质和进度。

（8）施工监理。了解施工步骤、材料和工艺，能按照原始设计方案与创作思想把握方向。保障施工安全、施工质量和施工过程顺利进行。

思考题

1. 广义与狭义的环境设计分别有何内涵与外延？
2. 环境设计包含哪些内容？它们之间有何联系？
3. 在城市规划中如何体现可持续发展的理念？
4. 环境设计师在新时代如何得到更广的发展空间？

参考文献及延伸阅读

[1] 王明. 环境艺术设计[M]. 北京：中国纺织出版社，1998.

[2] 陈圣浩. 景观设计语言符号理论研究[M]. 武汉：武汉理工大学，2007.

[3] 来增祥，陆震纬. 室内设计原理：上册[M]. 北京：中国建筑工业出版社，2006.

[4] 刘先觉. 现代建筑理论[M]. 北京：中国建筑工业出版社，1999.

[5] 俞孔坚，李迪华. 景观设计：专业学科与教育[M]. 北京：中国建筑工业出版社，2003.

[6] 席跃良. 艺术设计概论[M]. 北京：清华大学出版社，2010.

[7] 中国建筑史编写组. 中国建筑史[M]. 北京：中国建筑工业出版社，1993.

[8] 周长亮. 室内设计概论[M]. 北京：中国电力出版社，2009.

[9] 李琦. 设计概论[M]. 北京：电子工业出版社，2011.

[10] 勒·柯布西耶. 走向新建筑[M]. 陈志华，译. 西安：陕西师范大学出版社，2007.

[11] 波利索夫斯基. 未来的建筑[M]. 陈汉章，译. 北京：中国建筑工业出版社，1979.

第8章 设计思维与心理

思维是人脑对客观事物本质属性的概括反映，是人类智力活动的主要表现形式。广义的思维既能反映客观世界，又能反作用于客观世界，既是物质产物的反映，又对物质具有能动性。人脑是思维的器官，思维只有依靠人脑才能完成。所以，当人类从人猿进化成具有思考能力的原始人后，思维的形式就逐渐产生并完善。

设计是人类为了实现某种特定的目的而进行的一项创造性活动，设计思维是设计科学的核心问题。在很大程度上，设计的发展就是设计思维的发展，设计的创造性就是设计思维的创造性，设计师参与设计实践的每一个环节都是设计思维的直接体现和转化。可以说，设计思维直接影响并决定了设计师的设计水平和创造能力。

从古至今，设计思维的不断扩展，为人类积淀了极大的创造力。将来的产品不是以数量而是以独特的创意设计去占领市场，要适应市场的这些变化，设计创新就有赖于思维观念与方式的变革，就要把旧观念的模式打散、分析并重建，创造出一种新的、更合理的方式。虽然设计思维活动是不可见的脑力劳动过程，但透过造物的种种表象特征，可以充分显示出现代设计思维的内在规律和特点。

8.1 设计思维的特点

生理学与心理学研究表明，人脑是一个非常复杂的系统，它的各部分机能都有着科学分工。不同的大脑皮层区域控制着不同的功能：大脑右半球控制人的左半肢体，以及视觉记忆、音乐形象、空间认知等形象思维；大脑左半球控制人的右半肢体，以及语言传达、逻辑推理、数学运算等抽象思维（图 8-1-1）。设计思维是以情感为动力，以形象思维为其外在形式，以抽象思维为指导，以产生审美意象为目的的具有一定创造性的高级思维模式。整个思维过程就是逆向思维、联想思维、灵感思维、模糊思维、发散思维以及收敛思维等多种思维形式高效运转、综合协调以及辩证发展的过程，是感觉、视觉、目标、个性的统一。

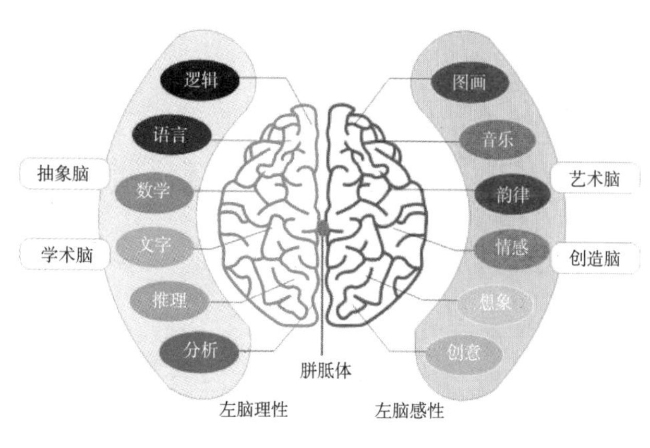

图 8-1-1　人脑思维结构图

在思维的方式上，设计思维是科学思维与艺术思维整合的结果。一般来说，在构思外观形态时，艺术的形象思维发生主要作用；而在涉及内在结构功能时，更多侧重于科学的抽象思维；有时则在这两种思维方式中交叉、反复进行。从设计选题与构思制作开始，抽象思维和形象思维就是互相促进发展的关系。设计思维中的抽象思维根据信息资料进行分析、整理、评估以及决策，把大脑表象重新组织安排，并进行加工、整理，创造出新的形象。另外，设计的艺术形象不完全是幻想式的或自由的，其思维的方式不像纯艺术那样可以海阔天空，它有一定的制约性。设计思维中的形象思维和逻辑思维两者互为沟通，互为反馈。正确的设计方法是要懂得如何运用这两种思维方式去发现问题、研究问题、思考问题和解决问题。

8.2 设计思维的种类

设计思维的核心是创造性思维。它贯穿于设计活动的始末。“创造”的意义在于突破现有事物束缚，以新颖、独创的崭新观念或形式改造客观世界，开拓新的价值体系。创造性思维一直被认为是高于逻辑思维与形象思维的人类高级思维活动，是各种思维形式的综合运用、反复辩证发展的过程，它是思维的高级阶段。人类的设计活动过程就是以创造性思维形成设计构思并且最终完成设计的过程，没有创造性思维就没有设计。创造性思维的重要内容是“选择”、“突破”以及“重新建构”。

创造性思维反映自然界的本质属性与内在、外在的有机联系。它具有主动性、发散性、预见性、独创性、目的性、突变性、批判性、求异性、灵活性等思维特征。大致有如下几种：

8.2.1 形象思维

所谓形象思维，即用感性的、具体的形象进行思维。“形象”是指客观事物本身所具有的现象和本质，是内容和形式的统一。形象有艺术形象与自然形象的区别，艺术形象则是经过人的思维创作加工以后出现的新形象，而自然形象指自然界中已经存在的物质形象。形象思维的特点是：以直观的知觉形象和记忆的表象作为载体来进行思维加工、组合、变换和表达。形象思维具有联系逻辑思维、动作思维以及创造性思维的作用。它包括实验形象思维、概括形象思维、图式形象思维以及动作形象思维。

形象思维是科学发现的基础，科学研究的三部曲——观察、思考和实验，没有一项是离开形象的。而在艺术工作中形象思维的表象动力则较为复杂。它并不是简单地观察与再现事物，而是将所观察到的事物经过思考、选择、整理以及重新组合安排，形成新的内容，即具有理性意念的新意象。如图 8-2-1 所示的建筑物利用构成的手法将生活当中鸟类展翅飞翔的动态感受，通过提纯概括的手法，提取其形态的形象，用概括的设计语言线、面组合构成了建筑物展翅腾飞的艺术形象，给人以视觉的联想。

图 8-2-1 建筑设计中的形象思维

8.2.2 逻辑思维

设计师在着手设计之前都要对设计对象有个概念，这个概念有可能是它的历史传统、功用性能、技术信息和市场需求等一系列的相关问题。这就需要抽象思维帮助设计师进行

图 8-2-2 逻辑思维在广告设计中的应用

比较、分析、概括。这些都需要设计师具有非常卓越的逻辑思维能力。逻辑思维是以概念、推理、判断等形式进行的思维，又称抽象思维或主观思维。其特点是把直观所得到的东西通过抽象概括形成定理、概念和原理等，使人的认识由感性到理性。

人们往往认为只是形象思维和设计相关，事实上，逻辑思维的分析、推论对设计创意成功与否起到了关键性的作用。通过逻辑思维中常用的分析与综合、归纳与演绎等方法，艺术设计可以获得理性的指导，并使创意具有独特的视角。总而言之，逻辑思维在设计创新中对发现问题、筛选设想、直接创新、评价成果以及推广应用等环节都具有积极的作用。图 8-2-2 所示的公益广告，如果用形象思维，二氧化碳气体很难被描述，故用抽象的化学分子式来表达。另外，该作品通过二氧化碳分子式上绞架的情节与减少排放量之间的逻辑关联，清楚地表达了保护环境的主题。

8.2.3 发散思维

发散思维由美国心理学家吉尔福特提出，是一种非逻辑、跳跃式的思维方式，即人们在解决问题或者进行创造活动时，围绕一个问题，从已有的信息出发，多层次、多角度去思考和探索，获得各种各样的解题设想、办法和方案的思维过程。发散思维也称为求异思维、扩散思维、立体思维、辐射思维、多向思维或横向思维等。发散思维不受传统观念和现有知识的局限与束缚，其过程是一个不断发展的、开放的过程。它广泛调动信息库中的信息，产生众多的信息组合和重组，不断涌出一些奇想、念头、灵感或顿悟。

发散思维是立体的、开放的和多向的思维。如一把小小的美工刀，看起来只能用于切割、裁削，但从发散思维的角度来看就可举出其应用于生活、学习、工作、运输等各个方面的无数用途。发散思维具有流畅、独特和变通 3 个不同层次的特性。积极开发发散思维的能力，需要克服思路固定，模式单一的心理误区。要准确判断和把握发散思维是否能成功，需要广博的学识，广开思路，有意识地促进发散思维突破的契机。如图 8-2-3 所示，和平这一主题是近几十年东西方设计家经常涉及的题材，不同的构思则向不同的方向发散。

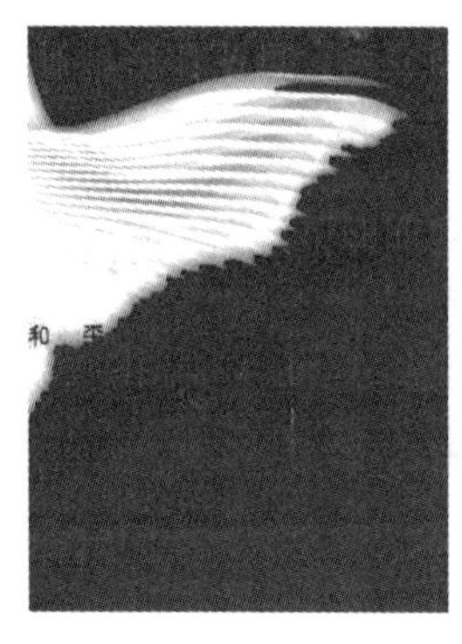
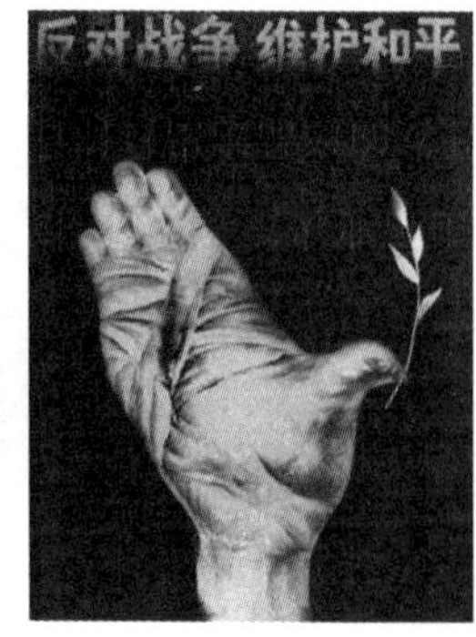

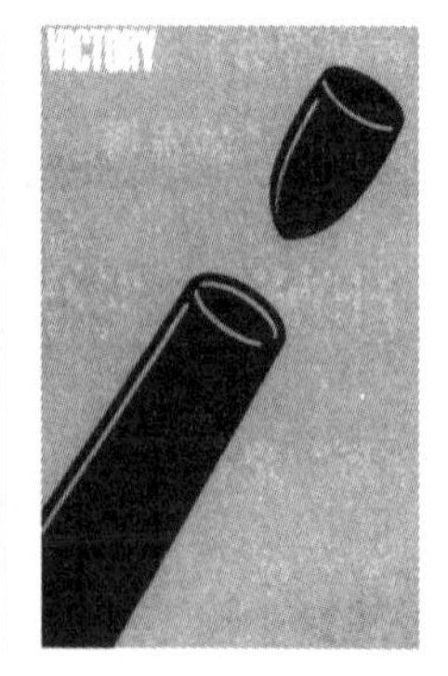

图 8-2-3 和平主题广告设计的发散思维

8.2.4 收敛思维

收敛思维也叫做“聚合思维”、“求同思维”、“辐集思维”或“集中思维”，是指在解决问题的过程中，以某一思考对象为中心，尽可能利用已有的知识和经验，从不同方面、不同角度将思路指向该对象，把众多的信息和解题的可能性引导到条理化的逻辑序列中去，从而寻求解决问题的最佳答案。收敛思维好比凸透镜的聚焦作用，它可以使不同方向的光线集中到一点，是由“多到一”的过程。当然在集中到中心点的过程中也要注意吸收其他思维的优点和长处。

收敛思维的另一种情况是先进行发散思维，在发散思维的基础上再进行集中，从若干种方案中选出一种最佳方案，同时注意将其他方案中的优点补充进来，加以完善，围绕这个最佳方案进行创造，效果自然会好。如洗衣机的发明就是如此，首先围绕“洗”这个关键问题，列出各种各样的洗涤方法，如洗衣板搓洗、用刷子刷洗、用棒槌敲打、在河中漂洗、用流水冲洗、用脚踩洗等，然后再进行收敛思维，对各种洗涤方法进行分析和综合，充分吸收各种方法的优点，结合现有的技术条件，制订出设计方案，然后再不断改进，结果成功了。

8.2.5 联想思维

联想思维是将已经掌握的知识信息与思维对象联系起来，根据两者之间的相关性生成新的创造性构想的一种思维形式。联想思维有推理联想、因果联想、对比联想、相似联想等诸种表现形式。联想能激活人的思维，加深对具体事物的认识，是比拟、比喻、暗示等设计手法的基础。事实证明，能够引起丰富联想的设计，容易使接受者感到亲切，并且形成好感。

联想思维的实质是把已经掌握的知识和某种思维对象联系起来，从其相关性中得到启发，从而获得创造性设想。联想思维可以由此及彼，以日常生活中的启示积累推动另一组不同质问题的解决。在设计中由联想产生的创意，很多时候是师法自然的结果。如奥迪汽车的招贴广告巧妙地利用四环标志和鸟窝的联想，把鸟窝对蛋的保护和奥迪汽车对人的保护相类比，传达汽车安全可靠的广告主题（图 8-2-4）。

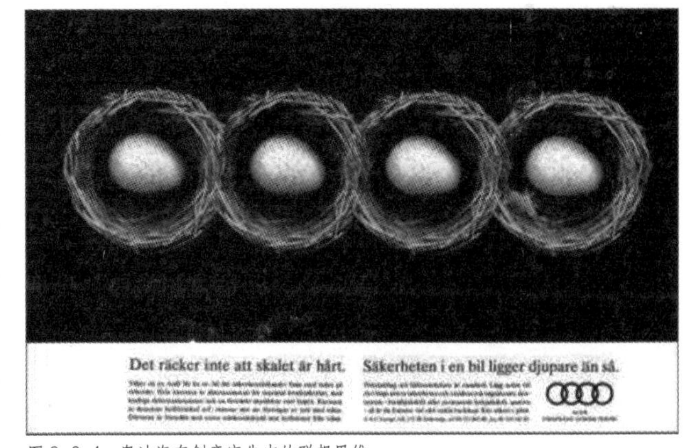

图 8-2-4 奥迪汽车创意广告中的联想思维

8.2.6 灵感思维

灵感思维是人们的创造活动达到高潮后出现的一种最富有创造性的飞跃思维，通常以“一闪念”的形式出现，能促使创造活动进入到一个质的转折点。大量研究表明，灵感思维是由人们的显意识思维和潜意识思维多次叠加而形成，是人们进行长期设计思维活动达到的一个新的突破阶段。灵感思维并不是偶然产生的心灵感应，而是有其客观的发生过程和一系列的诱发因素，是大脑在长期自觉的逻辑思维积累中，逐步把逻辑思维的成果转化为潜意识的不自觉的形象思维，并且与脑内储存的信息在不知不觉的状态下相互作用而产生灵感。如同“众里寻他千百度，蓦然回首，那人却在灯火阑珊处”、“用笔不灵看燕舞，行文无序赏花开”的情境一样。灵感思维具有超然性、随机性、独创性、模糊性、突发性和跃迁性等特点。

灵感是思维中奇特的突变与跃迁，是思维过程中最难得和最宝贵的一种思维形式，因而灵感思维也叫顿悟思维，是人在思考问题时思路突然打通，问题迎刃而解的一种状态。在现代设计领域，灵感思维往往被认为是人们思维定向、思维水平、艺术修养、气质品位以及生活阅历等各种综合因素的产物。

8.2.7 直觉思维

直觉思维是思维主体在对未知领域的探索中，直观地领悟出事物的本质与规律的非逻辑思维方法。直觉可以理解为“智慧视力”、“思维的洞察力”与“思维的感觉”，人们通过它能直接领悟到思维对象的本质与规律。

直觉思维与逻辑思维不同点在于：逻辑思维具有必然性、过程性、间接性、自觉性以及有序性；而直觉思维具有随机性、自发性、自主性以及瞬时性。直觉思维能够创造性地发现新问题，提出新概念、新理论、新思想，是创造性思维的重要形式。人们对产品形象要求提高的同时，对产品的直觉思维也趋于全方位的要求，除了视觉以外，听觉、触觉、甚至嗅觉方面的感受也引起了越来越多的重视，直觉思维在对人们五官的形成感知方面起到了更加重要的作用。

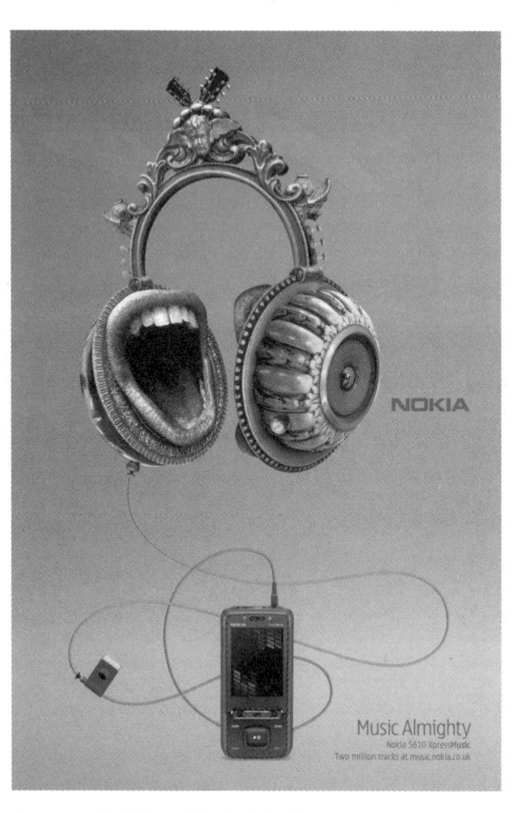

图 8-2-5 逆向思维在广告设计中的应用

8.2.8 逆向思维

逆向思维又称为“反向思维”，即把思维的方向逆转，用与原来想法对立的，或与约定俗成的观念截然相反的设计思维方法。逆向思维方法采用不同常规的角度挖掘设计灵感，改变了寻常观念，从相反方向开拓思路，常常能够获得出奇制胜的设计效果。

逆向思维法也是艺术设计创造性思维中行之有效的思维方法。如图 8-2-5 所示，一般的耳机都是以舒适可人的形象出现，而该广告中出现的却是引吭高歌的大嘴巴，以一种让人惊悚的形象来表达诺基亚手机全能音乐的真实感，由此达到了引起了人们关注的广告效果。

8.3 设计思维的方法

在设计思维开发的具体进程中，方法是各式各样的，目前世界上已总结出来的就有 300 多种。如交叉渗透、纵串横联的立体思考法，以变思变、打破常规的标新立异法，由果推因、寻根究底的逆向思维法，宏微相连的系统想象法，异同自辨的异同方法，检核表法和智力激励法等。下面介绍几种常用的方法。

8.3.1 脑力激荡法

脑力激荡法（Brain storming）简称 BS 法，又称头脑风暴法、激智法、脑轰法、畅谈会议法等，最初由美国人奥斯本于 1939 年发明。脑力激荡法是创造学中的一种重要方法学。其形式是由一组人员针对某一特定问题各抒己见、自由讨论，从多角度寻求解决问题的方法。脑力激荡是靠集体的、有组织的方法来达成。它打破了通常研究问题时的约束与界限，使参加者的思想相互激发并产生连锁反应，将思维中的闪念及时或即刻畅达，先互相启迪，然后加以综合整理，最后找出创造发明的思路。

著名的IDEO设计公司是采用脑力激荡法进行创造设计的典范。从1991年IDEO在加利福尼亚州成立起，就不断为苹果、宝马、三星以及Prada等公司设计了很多传奇性的产品。在IDEO，除了工业设计师与结构工程师，还有多位精通人类学、建筑学、心理学、语言学和社会学等的专家。一项设计开始前，往往会由社会学家、认知心理学家和人类学家等专家所主导，和企业客户合作，共同了解顾客体验，其方法包括追踪使用者、说出自己的故事、用相机写日志等，之后分析观察消费者所得到的数据，并搜集创意和灵感。“脑力激荡”已经成为IDEO设计公司创意流程中最重要的环节之一（图8-3-1）。

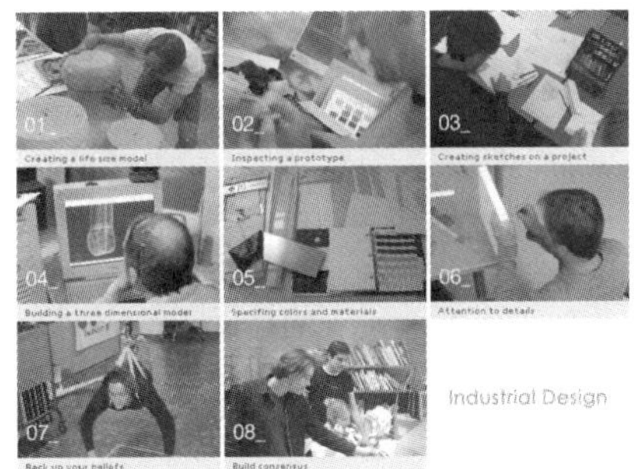

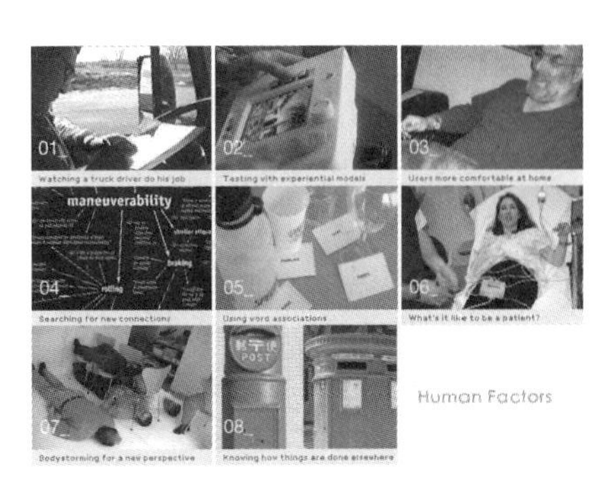

图8-3-1 IDEO设计公司的脑力激荡法

8.3.2 六W设问法

六W设问法是指这些疑问词中均含有英文字母“W”，因此简称为六W设问法。即：

WHY（为什么）——产品的设计目的。

WHAT（是什么）——产品的功能配置。指出消费者的实际需要是什么。

WHO（什么人用）——产品的购买者、决策者、使用者、影响者。用来了解消费者的兴趣、爱好、习惯、生理特征、年龄特征、经济收入状况以及文化背景。

WHEN（什么时间）——产品推介的时机以及消费者使用的时间。企业根据产品消费的时间，合理安排生产，制定产品的营销策略等。

WHERE（什么地方使用）——产品使用的条件以及环境。即针对什么样的地点和场所开发产品，有哪些有利和受限的环境条件。

HOW（如何用）——行为。即考虑消费者的使用方便性，通过设计语言提示操作使用等。

六W设问法的优点是提示讨论者从不同的层面去思考和解决问题，一方面可以找出其缺点，另一方面可扩大其优点或效用。按问题性质的不同，用各种不同的发问技巧来检讨，经过不同问题的思考后，若答复是满意，便可接受此事物之合理性。这种方法通常被用来对概念方案、产品设计的可行性进行分析，比较适合用于目标定位阶段的构想。

8.3.3 希望点列举法

人们曾经希望自己能够像鸟一样飞上蓝天，于是发明了可以载人上天的飞机；人们希望有全能导航系统，如今 GPS 已经被广泛使用；人们希望自己能够在黑夜里明察秋毫，于是研发出了红外线夜视装置……希望点列举法就是按照发明人的意愿，提出不受约束的新设想，这种设想积极主动，激励创造的产生。这是一种不断地提出“希望”、“怎样才能更好”等的理想和愿望，进而探求解决问题和改善对策的技法。设计的目的在于创造更好的生活方式，希望点列举法可以例举人类对设计物形态、功能和未来生活方式的新要求。其实施步骤为：对现有的某个实物提出希望；评价所产生的希望，找出可行的设想；对可行性希望作出具体研究，并制订方案、实施创造。

8.3.4 戈登分合法

戈登分合法是由美国哈佛大学教授 W.J. 戈登于 1944 年提出的。又称为提喻法、综摄法、分合法等。是指通过同质异化使熟悉的事物变得新奇（由合而分），或通过异质同化使新奇的事物变得熟悉（由分而合）的一种类比方法。其主要步骤为：

（1）模糊主题。和头脑激荡法相反，主持人在会议开始时并不把研究目标、具体要求全部展开，而是将和设计课题本质相似的问题提出来讨论。

（2）类比设想。由于提出的问题十分抽象，与会者可以漫无边际地想象和发言。当随意提出来的想法中有利于接近主题时，主持人及时加以归纳，并给予正确的引导。

（3）论证可行。将类比所得到的启示进行经济和技术等方面的可行性研究，并编制具体的实施计划。

在新产品开发或产品改良设计时，戈登分合法对设计思维的提喻效果较为明显。例如研究改进剪草机的方案，主持人可以先提出“用什么办法可以把一种东西断开？”与会者提出用剃刀、剪刀、刨刀、砍刀等切断；或用钢锯、手锯、电锯等锯断；或用手或器具拔、拉、扯断等。然后主持人明确宣布主题。综合讨论结果，提出考虑用理发推子的形式，或用旋转刀片的形式产生方案。如果一开始用“剪开”而不是用“断开”这一抽象词，人们的思路也许只会局限在刀具上。通过这种抽象、类比的方法所获得的启示往往会使创意领域更广阔、更有深度。

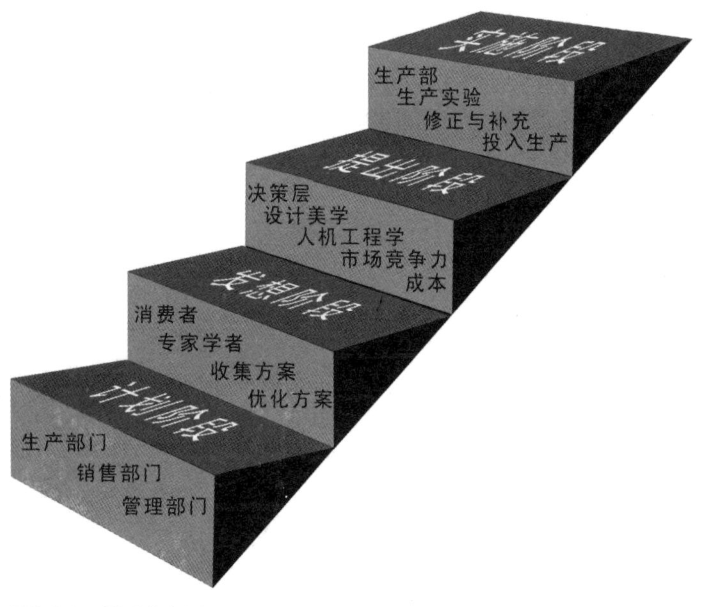

图 8-3-2 系统设计法示意图

8.3.5 系统设计法

所谓系统的方法，就是从系统出发，综合整体地解决各因素中的相互制约与相互作用的关系，以达到最佳处理问题的一种方法（图 8-3-2）。系统论的设计步骤可以分为 4 个阶段：

（1）计划阶段。在进行设计工作之前，由企业决策者对近期或远期的投资、制造与销售目标作出计划。设计师在此基础上为设计开发的产品定出具体计划。

（2）发想阶段。所谓发想即利用一定的思维方法发掘解决问题的方案。首先让设计师把头脑中的各种想法都表达出来；然后让各方面的专家学者以及普通消费者共同讨论，尽量多地收集各种方案；最后对筛选后的方案进行评价、选择最优化方案送交相关部门。

（3）提出阶段。提出阶段是具体的设计操作阶段。这个阶段设计师利用图表、文字、效果图、模型等各种手段表达自己的设计思想，并向企业决策层或者设计委托人进行传达。

（4）实施阶段。这个阶段的重要任务是传达设计方案。如把产品的具体尺度、材料选择和装配要求等告知生产部门，使其对照制作模型进行小批量生产实验，没有问题后再正式生产。

8.4　设计心理的活动

从心理学的意义上说，设计既是一个技术过程，同时也是心理过程。设计师的创作与构思，以及设计的接受者对设计的评价与感受，都包含一系列的生理和心理需求。设计应该调查人们在使用各种物品时的审美心理和审美需要，从心理学角度研究这些问题，从人们日常的知觉感受、认知感受、情绪感受出发，分析各种审美需要。

设计心理学主要是认知心理学，它是20世纪50年代中期在西方兴起的心理学思潮，到70年代便成了西方心理学重要的研究方向，研究范围主要包括感觉、知觉、表象、思维、注意、言语以及记忆等认知过程或心理过程。

8.4.1　设计的感觉、知觉、直觉

感觉是人脑对外界事物作用于感官的反应。感觉分外部感觉：如听觉、视觉、味觉和触觉等；内部感觉：如平衡感觉、肌肉运动感觉等。感觉在审美活动中扮演着重要的角色，离开眼睛的感觉，就丧失了视觉的美；离开听觉的感受，就丧失了听觉的美。人们每天都要与周围环境发生直接或间接的关系，如倾听、观看、触摸和品尝事物，构成了人们想象、理解和情感活动的基础。感觉是人的认知活动的基础，它使人对周围环境产生现实体验，在感觉经验的基础上产生了各种复杂的心理现象。

知觉是在感觉的基础上形成的，是人脑对直接作用在感觉器官上的客观事物的整体反应。知觉建立在感觉的基础上，具有整体性，但又不同于各种感觉的总和。知觉不单只依赖于刺激物的物理特性，更加依赖于人本身的特点，如知觉经验、情绪状态、人格、态度等。

直觉是形象与意义的有机统一，是审美器官（眼、耳）的完善和成熟，并表现出高度的灵敏性的产物。正如马克思所说："对于没有欣赏美的眼睛来说，最美的绘画也没有意义。"

人类处于一个感性的时代，设计师要比一般人更具有敏锐的观察力，才能把生活点滴化成创意的源泉。我们在设计的过程中要融入感性的因素，使产品与人的各种感官相协调，使视、听、嗅、触、味等感觉进入宜人的"舒适区"，并且让人在生活和劳动中所发生的各种心理、生理过程都处于最佳状态。

8.4.2 设计的情绪、情感

情绪与情感是人对周围客观事物和自身行为的内心体现，是人们心理活动的重要内容，是主体对外界刺激给予肯定或者否定的心理反应，也是对客观事物是否符合自己需求的态度与体验。一个设计能否引起人的注意，其情绪与情感因素是非常重要的。美国心理学家唐纳德·诺曼在《情感化设计》中，将设计划分为 3 个层次：本能层、行为层和反思层，本能层对应产品的外观；行为层对应产品的使用效率；反思层对应自我形象、个人满意度和记忆。

现代艺术哲学认为，艺术家内心有某种情绪或感情，于是便通过画布、书面文字、色彩、灰泥和砖石等创造出艺术品，以便把它们释放或宣泄出来。设计师也是将自己的情绪通过各种形态造型语言体现在产品中，产品不仅是真实的呈现物，而且是包含着深刻的情感和思想的载体。但只有产品的造型和功能与它们唤起的感情结合在一起时，产品才具有审美价值。如图 8-4-1 所示，苹果 iMac 个人电脑设计的成功，就在于设计者强调人的情感需求。苹果电脑的设计利用富有生机、鲜明活泼的外形和色彩，打破了传统电脑冷漠的外观和无彩色系的印象，让消费者变得充满情趣，给人以全新的审美享受和实用体验。

图 8-4-1 苹果 imac 电脑设计体现不同的情感

思考题

1. 设计的思维有何特征?
2. 科学思维、艺术思维、理性思维、感性思维分别有何特点和联系?
3. 如何利用设计心理学来指导设计的开展?

参考文献及延伸阅读

[1] 高楠 . 艺术心理学 [M] . 沈阳：辽宁人民出版社，1988.
[2] 弗兰克·戈布尔 . 第三思潮：马斯洛心理学 [M] . 上海：上海译文出版社，1987.
[3] 李彬彬 . 设计心理学 [M] . 北京：中国轻工业出版社，2001.
[4] 陈莹，李春晓，梁雪 . 艺术设计创造性思维训练 [M] . 北京：中国纺织出版社，2010.
[5] 杨仲明 . 创造心理学入门 [M] . 武汉：湖北人民出版社，1988.
[6] 亚里士多德 . 心灵论 [M] . 北京：中国社会科学出版社，1997.
[7] 杨先艺 . 设计概论 [M] . 北京：清华大学出版社，2010.
[8] E.G. 波林 . 实验心理学史（上、下册）[M] . 高觉敷，译 . 北京：商务印书馆，1981.
[9] 阿恩海姆 . 艺术与视知觉 [M] . 腾守尧，朱疆源，译 . 北京：中国社会科学出版社，1984.
[10] 阿恩海姆 . 视觉思维 [M] . 腾守尧，译 . 成都：四川人民出版社，1998.

第9章 设计程序与方法

设计程序是有目的地实现设计计划的科学次序与方法。虽然艺术设计在不同领域的设计程序错综复杂，但熟悉一般设计程序和设计方法，可以帮助设计师较为科学地完成设计。

一般来说，设计有几个基本的程序。构思过程——设计创作的意识，即为何创造、怎样创造；行为过程——使自己的构思成为现实并最终形成实体；实现过程——在作品的消费中实现其所有价值。在整个设计过程中，设计师需要始终站在委托方与受众之间，为实现社会价值与经济目标而工作。按照时间顺序，设计从立项到完成一般经过以下 4 个主要阶段：

（1）设计的准备阶段。这是一切设计活动的开始。这一阶段可以分为“接受项目，制订计划”与“市场调研，寻找问题”两个步骤。设计师首先接受客户的设计委托，然后由委托方、设计师、工程师及有关专家组建项目团队（图 9-0-1），并且制订详细的设计计划。“市场调研，寻找问题”是所有设计活动开展的基础，任何一个好的设计都是根据实际需要与市场需求而诞生的。

图 9-0-1　设计项目组的组成

（2）设计的展开阶段。可分为两个步骤：“分析问题，提出概念”以及“设计构思，解决问题”。前者是在前期调研的基础上，对所收集的资料进行分析、研究、总结，运用设计思维方法，发现问题的所在。“设计构思，解决问题”是在设计概念的指导下，把设计创意加以确定与具体化，对提出的问题做出各种解决方案。这个时期是设计中的草图阶段。

（3）设计的深入阶段。可分为“设计展开，优化方案”和“深入设计，完善细节”两个步骤。前者是指对构思阶段中所产生的多个方案进行比较、分析、优选等工作，后者是在设计方案基本确定后，再通过样板进行细节的调整，同时进行技术可行性分析。

（4）设计的制作阶段。这是设计的实施阶段，在这个阶段里要进行“设计审核，制作实施”和“编制报告，综合评价”两个步骤的工作。

9.1 设计调研的展开

设计调研是设计活动中的一个重要环节，通过调研可广泛收集资料并进行分析研究，得到较为科学的设计项目定位。设计调研一般由设计师或专门的调研机构完成，设计师必须了解调研的过程，并能对结果进行深入分析。调研结果反映的基本上是短期内的情况，而设计思维需要具备一定的超前性才能把握设计的正确方向，设计师要利用调研结果，但不能被调查数据和调查结论禁锢了头脑。

9.1.1 设计调研的方法

调研方法在设计项目确认阶段极其重要，能否科学并且恰当地运用调研方法，将对整个设计项目的准确定位产生十分重要的影响。设计调研方法主要有观察法、询问法（图 9-1-1）、实验法等。观察法可以由调查员或者仪器在自然状态下对调查者进行观察实现；询问法可以有电话交谈、面谈、邮寄问题、留置问卷几种；实验法是指把调查对象置于一定条件下，有控制地分析观察市场因果关系的调研方法。

图 9-1-1 座谈询问的调研方法

设计调研技术是调研结果有效性的重要支撑。一般而言，采用询问法调研时，可以采用“二项选择法”，如：您对某建筑的室内设计喜不喜欢；可以采用“多项选择法”；还可以采用“自由回答法”方便得到建设性意见；还有“倾向偏差调查询问”，这种方法使用比较复杂，但可以用于调查相关对象某方面意见与态度的程度，如问题 1，您用什么牌子的手机？答：× 牌。 问题 2，目前最受欢迎的是 Y 牌，当您更换手机时，是否仍用 × 牌？

在确定调研数量时，人们可以根据一些既有要素来进行技术判定：当调研人员对调研对象比较熟悉或调研结果允许误差较大时，样本的数量可以适当少一些。

9.1.2 设计调研的内容

1. 市场情况调查

即对设计服务对象的市场情况进行全面调查研究的过程，包括以下 3 方面内容。

（1）市场特征分析：分析市场特点及市场稳定性等。

（2）市场空间分析：了解市场需求量的大小，目前存在的品牌所占的地位和分量。

（3）市场地理分析：主要是地域市场细分，包括区域文化、市场环境、国际市场信息等。

2. 消费者情况调查

即针对消费者的年龄、性别、民族、习惯、风俗、受教育程度、职业、爱好、群体成分、经济情况以及需求层次等进行广泛的调查，对消费者家庭、角色、地位等进行全面调研，从中了解消费者的看法和期望，并发现潜在的需求。

3. 相关环境情况调查

消费者的购买行为受到一系列环境因素影响，我们要对市场相关环境如经济环境、社会文化环境、自然条件环境和政治环境等内容的调查。由于文化影响着道德观念、教育、法律等，对某一市场区域的文化背景进行调研时，一定要重视对传统文化特征的分析，并利用它创造出新的市场机会。

4. 竞争对手情况调查

对相关竞争对手的情况调查，包括企业文化、规模、资金、投资、成本、效益、新技术、新材料的开发情况以及利润和公共关系。另外，还包括有相当竞争力的同类产品的性能、材料、造型、价格、特色等，通过调查发现它们的优势所在。

9.1.3 设计调研的步骤

设计调研的步骤主要有确定目标、实地调研、资料整理分析以及提出调研结果分析报告等几个阶段，具体包括：

（1）确定调查目的，按照调查内容分门别类地提出不同角度和不同层次的调查目的，其内容要尽量具体的限制在少数几个问题上，避免大而空泛的问题出现。

（2）确定调查的范围和资料来源。

（3）拟定调查计划表。

（4）准备样本、调查问卷和其他所需材料，按计划安排，并充分考虑到调查方法的可行性与转换性因素，作好调查工作前的准备。

（5）实施调查计划，依据计划内容分别进行调查活动。

（6）整理资料，此阶段尊重资料的“可信度”原则十分重要，统计数字要力求完整和准确。

（7）提出调研结果及分析报告，要注意针对调查计划中的问题回答，文字表述简明扼要，最好有直观的图示和表格，并且要提出明确的解决意见和方案。

9.2 设计方案的确定

在市场调查的基础上，我们依照设计情况制定合理的目标，产生设计概念和定位，确定设计方案，指导设计过程。

9.2.1 确定方案的步骤

（1）设计方案的提出阶段。这是一个思维发散的过程，需要设计师们充分的展开思路，展开构思，产生尽可能多的创意，而不能只局限在某一两个想法里面。在构思展开的过程中，可以借助各方面资料以及生活中的刺激来获得启发。如设计师在折纸过程中得到创意设计出来的椅子（图 9-2-1）。

（2）设计开展的阶段。本阶段在策划中根据策划目标，紧紧围绕策划主题，寻求策划切入点，产生策划创意、设计方案并选择方案。

（3）创意的比较与选择阶段。这是对前一步骤的优选，按照设计概念的要求，应用设计原则，剔除不合适的创意，并保留有进一步发展可能的方案。

（4）方案深入和优化阶段。通过草图和计算机绘图等各种形式，对创意阶段得到的多个方案进行深入设计，并考虑细节表现，通过比较选择，确定切实可行的方案。如果还是得不到理想的方案，则需要重新展开构思。

图 9-2-1 折纸椅方案的提出与构思过程

（5）设计论证与调整。设计的论证包括考虑结构、尺寸、材料、工艺、人机关系、色彩、成本、效果等内容，并根据论证的结果对设计方案作出进一步的调整，以适合实际应用的需要。这一步骤很重要，特别是在产品设计方面，需要设计师与工程师等其他专业的人共同合作。

9.2.2 设计报告的内容

在确定设计方案后，需要根据委托方的要求和开发计划制定一份详尽的设计报告来保证设计的顺利展开，设计报告主要包括以下内容：

（1）设计工作进程表。设计的计划表，用于协调各方面的进程。各工作组都要在规定的时间内完成规定的内容。

（2）设计调查资料汇总。对市场调查的内容进行分析，确立市场定位，提出设计概念。可采用文字、图表、图片相结合的方式来表现。

（3）调查分析研究。对市场调查的内容进行分析，提出设计概念，确立该产品的市场定位。

（4）设计构思。以草图或文字等形式来表现，并能反映出设计深层次的内涵。

（5）设计展开。主要包括设计构思的展开、形态研究、色彩计划、设计效果图、实物等。

（6）方案确定。把确定的方案绘制出加工图、结构图、尺寸图等，并添加设计说明。

（7）综合评价。设计完成后由设计师、委托方和消费者共同参与评价，并以简洁、有效的文字表明该设计方案的优缺点。

除了制作设计报告，有时为了展示设计方案，也可以制作展示版面以及多媒体演示系统。

9.3 设计表达的类型

设计表达是设计师进行设计交流的重要工具。从构想到实现的整个设计过程中，设计师需要经常采用多种方式对自己的设计构想与意图进行详尽的说明和展示，以求得到企业和用户的认识和支持。设计表达主要包括以下几种类型：

9.3.1 设计草图

草图是设计思维最直接、最便捷的表现形式，是传达设计师意图的工具之一，可以在人的抽象思维和具象表达之间进行实时的交互和反馈，使设计师抓住稍纵即逝的灵感火花（图 9-3-1）。草图设计表现手法要求快捷、简单、活跃，并能准确清晰地表达设计概念。草图的形式可以分为概念草图、形态草图和结构草图。通过概念草图快速表现的训练，可以提高设计师的艺术修养和表达技巧。

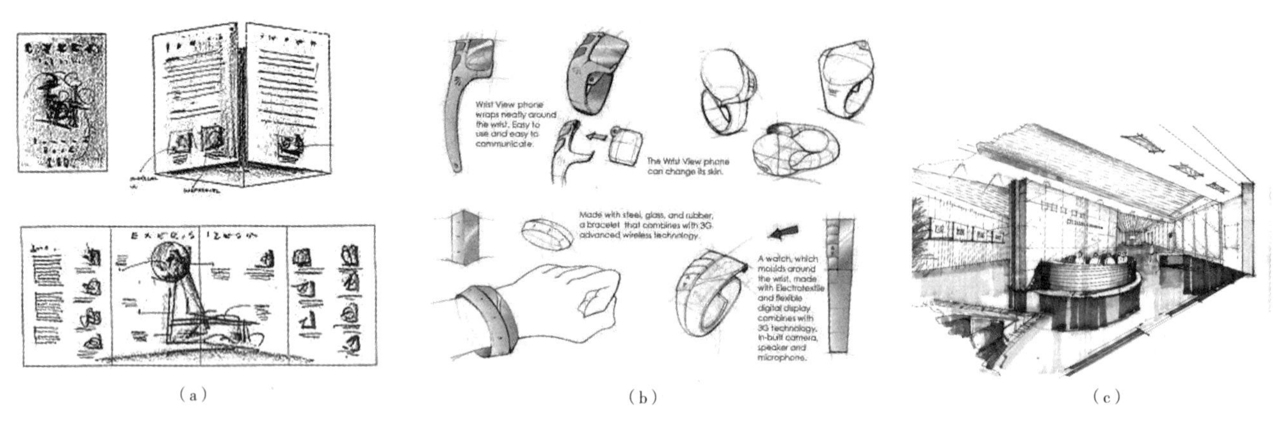

（a）（b）（c）

图 9-3-1 设计草图
（a）平面设计草图；（b）产品设计草图；（c）室内设计草图

9.3.2 方案效果图

效果图是设计师对设计方案的自我表达，是对设计构思的全面提炼，是向他人传递设计创意的最佳方式（图 9-3-2）。效果图可以手绘或用计算机软件完成，平面软件和三维软件能够表现出不同的效果。在方案尚未完全成熟时，需要画较多的图进行比较，选优综合，此时效果图的绘制以启发思维、提供交流、诱导设计、研讨方案为目的。在设计师与各相关专业人员协商后，提交 3~4 个效果图方案，选择最后方案定稿。在设计方案确定后，用正式的设计效果图给予表达，目的是为了直接表现设计结果，根据设计要求可分为方案效果图、展示效果图、制作效果图。

（a）

（b）

（c）

图 9-3-2 设计效果图
（a）广告设计效果图；（b）室内设计效果图；（c）产品设计效果图

9.3.3　实物样板

样板制作是设计师把构想中的方案用立体化的方式再现的过程，其中也包含了对个别细节的重新修正。在印刷品设计方面，样板就是打印出来的样张；在产品设计方面，样板就是按一定比例制作的模型；在环境设计方面，样板则多以沙盘或样板房的模型出现（图 9-3-3）。实物模型具有直观明确的优点，并能用于实验及人机分析。设计师在进行设计时，模型本身也是设计的一个环节，模型能将作品真实地表现出来，为最后设计图纸的调整、定型提供参考，也能为先期市场宣传提供实物形象。

图 9-3-3　印刷品、建筑、汽车的实物样板

9.4　设计项目的评审

9.4.1　项目审核

设计审核是某专家组从设计程序、设计理念和设计实施方法上评价该设计方案的优缺点，以决定该设计项目能否达到要求，通过审核。设计审核要求设计师通过对样品的相应审核、评价、修正与确认，使其更符合设计方案效果，并对制作方法以及设备、人力和能源等方面提出合理建议，力求达到质量标准。

9.4.2　项目评价

对设计方案的评估是始终贯穿在整个设计过程中的，它是一个连续的过程。设计评价是在收集相关反馈信息的基础上进行的。在设计推向市场后，设计师应该积极关注并参与到设计评价中，以获得再设计的必要信息反馈。

9.5　设计管理的应用

20 世纪 70 年代以来，设计管理作为一门新兴学科发展迅速，特别是在欧、美、日等发达国家，他们把设计管理作为企业发展战略的一部分，并成为区别于其他企业的竞争手段。越来越多的企业意识到设计管理的重要性，都积极投入设计管理的研究中。在韩国、日本及我国台湾地区，设计管理已成为企业开发管理的核心之一，在英、美等国家，设计管理不仅被列入博士学位课程，还成为了很多跨国企业主管的职能以及工作核心。

9.5.1 设计管理的定义

设计管理（Design Management），主要研究如何在各个层次整合、协调设计所需的资源与活动，并对系列化的设计开发策略和设计开发活动进行管理，以达成企业的目标并创造出有效的产品（图 9-5-1）。1966 年英国设计师 Michael Farry 第一个提出设计管理的定义：设计管理是在界定设计问题，寻找合适设计师，使设计师在既定的预算内及时地解决问题。我国最早是 1998 年韩岫岚在《MBA 管理学方法与艺术》一书中说，设计管理是由计划、组织、指挥、协调及控制等职能等要素组成的活动过程，其基本职能包括决策、领导、调控几个方面，使设计更好地为企业的战略目标服务。2003 年，由陈汗青、尹定邦、邵宏在《设计的营销与管理》一书中对设计管理提出的定义是：设计管理就是设计企业、设计部门借助创新和高技术的营销与管理，开拓设计市场，并将各种类型的设计活动，包括产品设计、视觉传达设计等合理化、组织化、系统化，充分有效地利用设计资源，使设计成果更富有竞争性，企业形象更鲜明，不断推动设计业的质量和生产力的提高，从而走向成功发展。

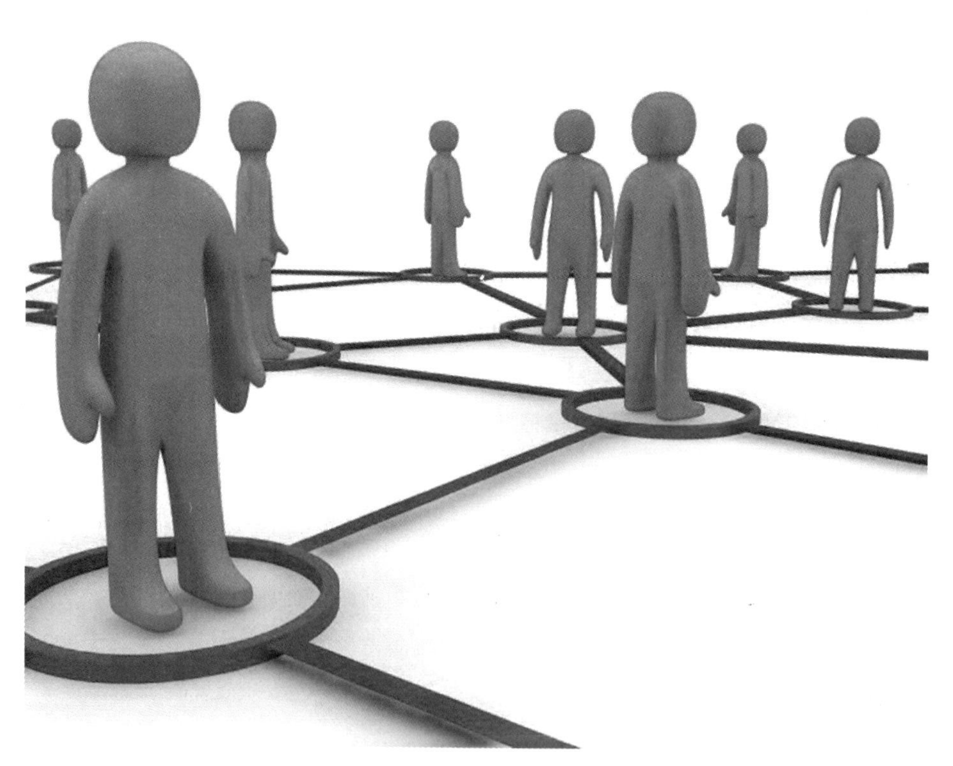

图 9-5-1 设计管理的计划、组织、指挥、协调与控制网络

设计管理属于边缘性学科。它综合了设计学和经济管理学的知识，与生产、营销、科研等行为的关系越来越紧密。随着设计深入到企业的各个方面，设计与管理之间的结合成为了必然，只有抓好设计管理研究，企业才能在日益激烈的市场竞争中发展，传统的设计才能进入崭新的设计时代。

9.5.2　设计管理的作用

在激烈的市场竞争中，任何一项设计活动都需要设计师、管理者和其他专业人员共同完成。设计管理的目标是将企业的各种设计活动合理化与组织化，充分利用设计这种无形的资源，创造出富有竞争力的产品，树立鲜明的企业形象。设计管理有利于对设计行为进行合理的规划，建立完善的设计运作体系，为企业的设计战略、设计目标服务。

1. 有利于设计工作的有效开展

设计工作不再是附属的、孤立的行为，而是渗透到产品开发的各个阶段。通过有效的设计管理工作，管理者与设计师之间可以取得有效的沟通，些促使设计师的工作更高效，更符合市场的需求，更切合企业发展的实际。

2. 有利于企业资源的合理配置

设计管理是企业管理的重心，它可以增强各部门之间的合作，使企业各方面资源得以充分利用，并促进技术的不断突破，从而实现设计制造的灵活化，以较小的投入获取更大的成果。

3. 有利于企业实力的快速提高

设计管理能制定准确的设计目标，并及时获取市场与经济信息，使产品更符合顾客需求，为企业注入新的活力，不断创新从而赢得新的市场。而设计管理也使企业的运作走向良性循环。

4. 有利于设计人才的正规培养

无论在日本还是欧美，销售那些成功产品的公司，大多数都采取一种较为正规的方法来管理设计，并使其融入整个从研究到市场行销的程序。在这个程序中工作的设计师和管理人员能得到较为正规和完善的学习和实践，为其今后的设计能力提升埋下伏笔。例如荷兰飞利浦公司从1950年起就在公司内部逐渐建立起完善的程序规范与设计制度，培养了人才，形成了团队，使该公司成为世界消费市场的先锋企业。

思考题

1. 设计调研的作用是什么？如何保证其有效实施？
2. 设计报告包含哪些内容？如何指导设计开展？
3. 设计管理的现实意义和发展方向是什么？

参考文献及延伸阅读

[1] 戚昌滋．现代广义设计科学方法论［M］．北京：中国建筑工业出版社，1986.
[2] 何晓佑．产品设计程序与方法［M］．北京：中国轻工出版社，2000.
[3] 胡俊红．设计策划与管理［M］．合肥：合肥工业大学出版社，2005.
[4] 陆家桂．设计概论［M］．北京：机械工业出版社，2004.

[5] 黄厚石，孙海燕．设计原理［M］．南京：东南大学出版社，2005.
[6] 邹珊刚．技术与技术哲学［M］．北京：知识出版社，1987.
[7] 邹珊刚．系统科学［M］．北京：上海人民出版社，1987.
[8] 李琦．设计概论［M］．北京：电子工业出版社，2011.
[9] 简召全．工业设计方法学［M］．北京：北京理工大学出版社，1993.
[10] 卡冈．美学与系统方法［M］．北京：中国文联出版公司，1985.
[11] 约瑟夫·M. 普蒂．管理学精要［M］．北京：机械工业出版社，1999.

第10章 设计市场与营销

10.1 设计市场的细分与定位

研究设计市场有两个内容：市场细分与定位市场。市场细分是如何将市场分割为有意义的顾客群体，市场定位是选择服务于哪些群体顾客。

10.1.1 市场细分

市场细分的目的是分辨目标市场，使所开发的产品进入目标市场后有利可图。在确定这些细分市场目标时，营销者寻求通过公司的产品定位，寻求产品或者服务的差异化来建立竞争优势。这个过程就是现代战略营销的核心，也是现代设计在决策时首要考虑的问题。

1. 市场细分的概念

市场细分就是从区别消费者的不同需求出发，根据消费者需求与购买行为的明显差异性，将整体市场细分为多个具有类似需求的消费者群，从而确定目标市场的过程。西方市场营销学的理论认为，由于经济文化的差异、消费者需求、行为、购买能力等不同，市场不可能完全统一。为了更好地进行市场营销，每个企业都需要根据自身特点和具体情况确定市场细分的标准，根据市场特点间的差异进行设计规划，使顾客的不同需求得到满足。而设计市场为了满足顾客群的差异性需求，更有必要根据不同的需求进行市场细分。

2. 市场细分的意义

市场细分是否科学合理是市场营销战略能否成功的前提之一。市场细分可以明确目标，有利于公司整合市场资源，指导设计向着正确的方向进行，其意义体现如下：①通过大量的市场调查工作，了解市场中哪些产品或服务已得到满足，哪些未得到满足，发现潜在的市场机会。②有利于制定设计策略，有目的地采取有利于市场营销的产品开发策略。③整合公司资源，发挥竞争优势，以最小的经营费用实现最大营销效益。④有效地避免恶性的价格竞争。

3. 市场细分的标准

每个企业都需要根据自身的特点和具体情况确定市场细分的标准。由于消费者购买能力和需求不同，各企业经营特点、策略不同以及经济文化的差异等，市场细分具有较多的标准。

（1）地理标准。包括市场大小、地理位置、气候等。因为不同地域的消费者对设计有着不同的理解与看法，所以会对企业采取的市场营销战略有着完全不同的反应。例如，南方多雨的气候特点使人们对房屋顶部的设计倾向于倾斜式的；而北方气候干燥，房屋顶部多采用平台式的设计。

（2）人口标准。包括性别、年龄、职业、教育程度、家庭、收入、国籍、宗教以及社会阶层等多种因素。人口因素相比其他因素更容易衡量，所以人口因素是市场细分的主要依据。

（3）心理标准。即消费者个性和个人生活方式等心理因素。这方面的差异使得消费者对设计也有着不同的认识。

（4）行为标准。包括追求的利益、购买时机、品牌忠诚度、态度和购买者准备阶段等。

4. 市场细分的程序

市场细分也要从调研开始，要根据设计的方向与实施方式进行市场的调研，调研的内容包括消费者、市场现状、经济环境、地域因素等。然后对相关数据进行分析与研究，依照科学的方法与产品状况进行细分（图 10-1-1）。最后还要依照各种指标参数进行评估与分析。

图 10-1-1 市场细分的程序与方法

10.1.2 市场定位

市场营销的主要作用是刺激并创造消费者的需求，解决生产和消费之间的矛盾，以适合的价格与方式，在适合的时间与地点，使产品顺利地由生产者向消费者转移。设计必须首先被消费接受，实现其经济价值，然后才能在被使用过程中，实现其他社会价值与文化价值。

美国最早的工业设计师雷蒙德·罗维曾说："对我而言，最美的曲线不是来自产品造型，而是不断上升的销售额曲线。" 1934 年，他把"冰点"牌冰箱的外形设计得更流畅之后，这种冰箱在西尔斯商场的销售额直线上升。设计产业链条中的所有环节，包括创意、造型、生产、管理、包装、宣传、营销、流通以及市场开发等，都指向一个最直接的目的——消费。

设计服务业在确定营销目标时有三大原则：顾客导向——设计公司追求的目标是为满足顾客的需求；竞争导向——设计公司明确设计重点的服务目标是在竞争中取胜；形象导向——用良好的形象吸引客户，明确公司的形象定位。企业根据自己的资源、目标与特长，权衡利弊，选择目标市场，企业在确定这一战略时，市场定位涵盖战略有 3 种：差异性营销战略、无差异营销战略和集中性市场战略。

1. 差异性营销战略

在强调个性化的时代，差异性营销战略按照各个细分市场中消费需求的差异性，设计出适合顾客需求的个性化产品，并制定营销战略去满足不同顾客的需要。

2. 无差异营销战略

企业把整个市场看成一个大的目标市场，并用统一的产品和市场营销策略吸引消费者，它对产品强调共性服务。

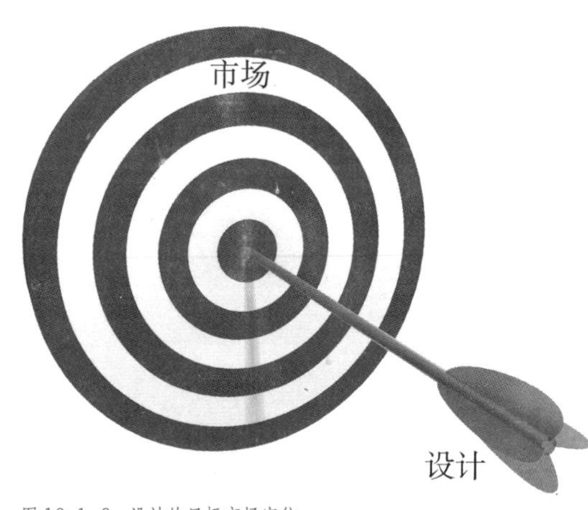

图 10-1-2 设计的目标市场定位

3. 集中性市场战略

该市场战略的重点在于只选择一个或者少数几个细分市场作为目标市场，集中设计与营销力量，实施专门化的设计服务与营销，汇集公司的各种资源着眼于某一细分市场，重点突出专业优势，实行专门化的运作（图 10-1-2）。

设计的产业化即设计成果的商品化以及设计意义的社会化过程，通过人们的购买、消费行为，设计产业的链条才算完整。总之，消费是设计的主要目的，也是最基本的目的，设计与消费之间的关系是设计和经济关系的具体化：第一，消费是设计的消费；第二，设计创造消费；第三，设计为消费服务。

10.2 设计营销的理论与策略

10.2.1 设计营销策略的制定

一般而言，企业所运用的市场营销策划方案有 3 种类型：

（1）差别化。集中力量在重要的用户利益区域完善经营，也就是使自己提供的产品和服务在与类似产品服务的对比中具有独特性。

（2）全面化领先。集中力量在成本控制上，即在较长的时期内保持自己产品或服务的成本低于同行业竞争者的成本，使品牌更有竞争力。

（3）集中化。集中力量在细分市场的服务上，即企业集中服务于某一特定市场或特定消费群体。

企业通过市场细分来确定一个产业中的竞争范围，强调在一个产业中的独特竞争优势，为某一细分市场提供针对性的服务。设计市场营销策划过程包括以下几个步骤：

（1）细分设计市场与选择目标市场。

（2）发现与评价设计市场机会。

（3）设计市场营销组合。

10.2.2 购买行为的决定因素

1. 文化因素

文化是某一特定社会生活方式的总和，包括语言、风俗、信仰、宗教习惯等独特现象。随着社会、经济、文化与生活方式等因素的变化，人们的价值观念也在不断地改变着，如今在产品设计中追求多元文化的倾向就充分说明了这一点。人们购买一件产品不单以好用、经济、耐用等标准来衡量，也要求产品除了给人的物质功能外，还要能赋予拥有者身份、个性、文化等方面的内涵。产品所传递的内容也不再是单一的物质功能，而需要具有以服务人、关心人为目标的多元化特征。

消费者的需求差异在很大程度上由文化差异决定，每个社会阶层都有其独特的价值观、兴趣、爱好与审美。设计师除了要有相应的艺术修养与专业水平外，还必须和营销者紧密合作，了解潜在目标对象的文化背景，从而使自己的设计服务符合相应的文化价值观。

2. 需求因素

美国著名心理学家马斯洛的需求层次理论把需求分成生理需求、安全需求、社交需求、尊重需求以及自我实现需求5类。随着人们生活水平的大幅度提高，当生理需求与安全需求已得到满足后，尊重需求与自我实现就成为了人们所追求的新目标。

3. 经济因素

它是决定消费者购买行为的重要因素，包括消费者的可支配收入、经济周期、商品价格等因素。在消费者收入水平不高的情况下，经济因素影响是首要的。

4. 群体因素

群体因素即能影响消费者态度与购买行为的个人或集体，因为作为人类群体生活的集合体，消费者在选择消费对象时，自然而然会受到群体一致性的影响。

10.2.3　购买行为的决策过程

1. 刺激需求

购买过程从消费者对某一问题或者需要的认识开始，内在的与外部的刺激因素都可能引起这种需求。购买行为首先从需求开始，营销与环境的刺激进入购买者的意识。

2. 信息收集

消费者有了需求，就会积极去寻求更多的信息。在当今“生产高于需求”、“竞争激烈”、“市场处于停滞化状态”的现实市场环境中，消费者可得到的信息相当多，企业要想实现销售，必须要进入消费者收集的信息之中，于是就有了各种广告的繁荣。

3. 方案评价

消费者运用收集的信息进行最后的选择。具体包括：①产品满意度：所有消费者都希望所购买的产品包含自己满意的所有属性；②品牌形象：即消费者对某一品牌所具有的感觉；③产品特性：指产品所具有的突出特点。这些特点是其他产品所不具备的；④他人评价：营销人员通过具有代表性顾客的购买产生好的评价，并利用该评价，使商品对消费者产生吸引力。

10.2.4　市场整合营销的理论

20世纪60年代，美国密歇根州大学管理学教授麦肯锡提出了4P理论，即以Product（产品）、Price（价格）、Promotion（促销）、Place（分销）为组合的整合营销理论，它奠定了现代营销学的基础。到1993年舒尔兹教授所著的《整合营销传播》被认为是整合营销奠基之作，在这本著作里提出了4C理论，即Consumers（消费者）——消费者的欲望和需求、Cost（成本）——消费者所付出的成本、Convenience（便利性）——消费者便利、Communication（沟通）——消费者沟通的4C原理（图10-2-1）。4C理论考虑的第一个C就是注意消费者的需求和欲望，产品的品质、产品的文化内涵都取决于消费

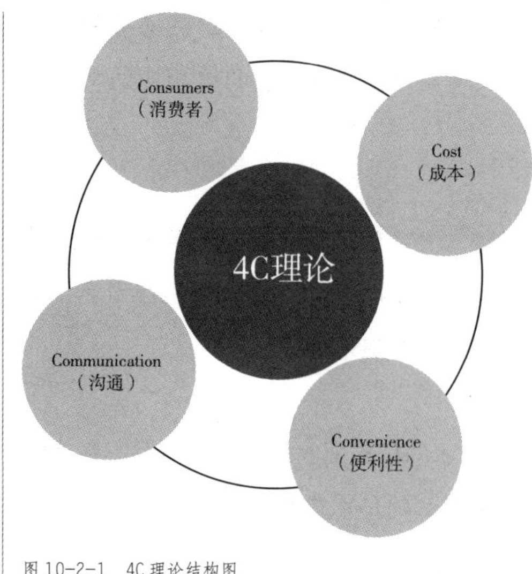

图 10-2-1 4C 理论结构图

者的认知，只有深刻探究并领会消费者的真正需求与欲望，才能获得成功。

真正的营销对象是消费者的心智，要为顾客提供合适的产品，就需要在设计前调查他们的内心世界，充分与消费者进行沟通，找准消费者心理，了解消费者对产品知识、品牌网络、消费者的个性品位、产品的效用需求及其评价标准等，在此基础上进行精确的设计定位。总之，企业产品策略只是企业向消费者传达利益的工具与载体，企业发展产品策略应该从消费者的需求与欲望出发，而不是从企业的研发部门出发。

思考题

1. 市场细分的意义与标准是什么?
2. 影响消费者购买行为的主要因素有哪些?
3. 设计过程中如何体现市场营销策略?

参考文献及延伸阅读

[1] 尹定邦，陈汗青，邵宏 . 设计的营销与管理 [M]. 长沙：湖南科学技术出版社，2003.

[2] 穆励，赵婷 . 商业文化学纵横 [M]. 北京：中国商业出版社，1987.

[3] 蔡燕农 . 市场营销案例分析 [M]. 北京：中国物资出版社，1993.

[4] 金安 . 试论市场整合营销 [M]. 宁波大学学报，2001 (2).

[5] 杨献平 . 企业特点营销 [M]. 北京：中国广播电视出版社，1999.

[6] 甘碧群 . 市场营销学 [M]. 武汉：武汉大学出版社，2001.

[7] 杨先艺 . 设计概论 [M]. 北京：清华大学出版社，2010.

[8] 波德里亚 . 消费社会 [M]. 刘成富、全志钢，译 . 南京：南京大学出版社，2000.

[9] 麦奎尔 . 大众传播理论 [M]. 崔保国，译 . 上海：上海译文出版社，1999.

[10] 霍菲特 . 人性服务中的创造力 [M]. 吴余青，译 . 南京艺术学院学报，2007.

[11] 贝克 . 市场营销百科 [M]. 李垣，译 . 沈阳：辽宁教育出版社，2001.

第11章　设计批评

同影视批评、音乐批评、美术批评、文学批评一样，设计批评是属于艺术批评的一个分支，是设计学和设计美学的重要组成部分之一。从历史看，有设计就有设计批评，从作品创意到生产，直至消费的整个活动中，始终存在着设计批评。设计批评的概念最早可追溯到威廉·荷加斯（图 11-1-1）的《美的分析》。现代意义上的设计批评理论是从 19 世纪开始的，19 世纪后期，生产技术不断进步，旧的审美标准已经不能适应时代的发展，现代设计的开篇人物威廉·莫里斯反对虚假材料的应用，抨击过多的装饰，在设计道德方面为现代主义设计批评奠定了基础。

图 11-1-1 威廉·荷加斯

“批”是互动、比较、沟通，“评”是“言”、“平”，就是平等对话的意思。设计批评是对设计的正面直视、不仅批评艺术作品的缺点和弊端，也赞扬其优点和成绩。设计批评是一种社会科学活动，具体指观众、消费者、批评家在一定的设计理论或审美观点的指导下，站在一定的立场、以一定的角度与标准，对特定的设计作品、设计思潮、设计现象、设计活动进行感性的体验与理性的分析，得出较为客观的评价与判断的科学活动。

设计批评可分为对设计对象的描述、解释和判断。描述指的是批评家以中立的态度对设计的形式、功能、构造等作说明性表述，使大众得以理解。解释则是批评家多角度分析设计师的思想、观念及其形成的社会环境，更深刻地剖析作品的内涵。判断就是以社会及人的需求为标准，对作品功能的、审美的、技术的、经济的方面作价值判断和规范判断。

随着艺术与技术的发展，人们探究设计作品成败得失的原因，总结设计实践的经验，提高设计鉴赏的能力，设计批评得到了越来越多的关注与重视。

11.1 设计批评与欣赏

所谓欣赏，即领略、玩赏，享受美好的事物，领略其中的趣味，它能使人获得精神上的愉快。设计欣赏是一种广泛的群众性活动，是人们为了满足自己的审美需要，对设计作品进行带有创造性的想象、感知、体验、理解和评价活动。设计欣赏是主体与客体相互作用而产生的一种心物感应、物我交融的复杂心理过程。

大部分消费者对设计产品仅处在“看到”的状态，仅会感知到其悦目或不悦目，但这还不是欣赏，设计欣赏要求人们有一定的理解能力和联想能力，对客体的造型、结构、材质、肌理、线条、色彩、装饰等组成的艺术语言有较深刻的体会，才能欣赏这种语言所表达的艺术信息，获得高度的精神享受（图 11-1-2）。

设计批评建立在设计欣赏的基础上，只有设计评论家对设计作品有了深入的、高质量的领略、认知、欣赏后，才能有效地进行设计批评活动。欣赏中有批评，而批评又是欣赏的升华和发展，它们之间有相通之处，但又有明显的区别。设计欣赏具有较强的主观喜好，而设计批评则是理智的、逻辑的、科学的客观性鉴别。尽管在设计批评中也有较强的主观性，但它更多是客观判断。这正是设计批评的价值和作用所在。

图 11-1-2 对设计作品的理解与欣赏

11.2 设计批评的主体

一般人在观看一幅绘画或一件产品时，心中总会有“好”或者“差”的评价，他们就是最直接的设计批评者。为了扩大影响范围，在自发的、业余的批评上，出现了专业的设计批评家。他们的职业就是从事具体设计作品的分析，把自己的评价写成文章在刊物上发表。这样不仅对设计师，而且对广大的受众产生影响。不管是一般的消费者，还是专业的评判家，他们都是设计评判的主体，具体来说，他们分为以下几种。

11.2.1 设计艺术创作者

设计师是设计作品的生产者和创造者，也是最早的设计批评者。在设计领域，设计师涉足批评的要比其他艺术领域艺术家涉足批评的多，影响也要大。这有多方面的原因：一是设计批评队伍尚不成熟，缺乏专职的批评者；二是因为设计是一种经济活动、社会活动，有很强的时效性，设计师介入能够产生直接而迅速的影响；三是设计师具有艺术的天赋和设计的才能，比普通人具有更加敏锐的艺术感受；四是因为设计师对自己作品的创作理念和深层内涵把握到位，能提出更多专业性、建设性的见解。

11.2.2 设计艺术鉴赏者

设计生产的全部过程包括创作、作品和批评这 3 个环节，它们共同组成了一个完整的艺术系统。设计艺术的鉴赏不同于一般意义上的欣赏，它与设计创作一样，是一种审美创造活动。人们在鉴赏中的思维活动和感情活动一般都是从设计作品的具体形象感知出发，经过大脑的思维加工，最终形成一定的设计评判。不同鉴赏主体由于具有年龄阶段、文化层次、性别、教育程度，以及所处的社会阶层等因素的差异，会对设计对象的评判产生截然不同的效果。

11.2.3 设计产品消费者

当消费者购买和消费某种设计产品时，他们同时也成了设计欣赏或批评者。对于设计艺术而言，其价值体现首先必须以其被消费为前提。因此，消费者是艺术设计的直接批评者，也是带感性色彩的批评者。消费者对设计产品所作出的反应决定了设计产品的市场效益。

11.2.4 专业设计批评者

专业设计批评者是设计批评的重要主体（图 11-2-1），他们有深厚的设计理论基础、敏锐的设计触觉、客观的评判立场，为设计界和消费者提供专业建议。只有专业批评才能把批评提高到学术的层面，而不是像消费者的批评那样停留在感性的层面上。

专业批评家的影响不但会影响到消费者的购买，还会直接影响到设计的发展方向。如英国的拉斯金对 1851 年“水晶宫”博览会的批评就影响了当时的设计趣味，直接引发了莫里斯领导的英国工艺美术运动。如果没有沙利文“形式追随功能”的标准，没有卢斯“装饰即罪恶”的口号，没有密斯“少就是多”的理念，没有柯布西耶“建筑是居住的机器”的思想，没有穆特修斯关于“标准化”问题的辩论，就没有真正意义上的现代设计。

图 11-2-1 设计批评的主体

专业的设计批评家要超越个人在经验和教育方面的局限性，要具有卓越的组织和表达能力，又要有足够的文化学识和素养、全面而又丰富的经验、健全的思考能力和洞察能力。此外，批评家还要有正确的道德观念，不以个人的好恶为标准，对设计事业有高度责任心和激情。

11.3 设计批评的对象

设计批评的对象可以是具体的设计作品，也可以是设计现象、设计思潮、设计活动、设计风格流派等一切设计现象。但是，批评对象的重点是设计作品或方案，即对现代设计创作的思想、主题和形式的批评。设计作品是一个很大的范畴，它涵盖了环境、建筑、服装、美容、数媒、包装、产品等一切带有设计元素的实物。当然，对于不同领域内的设计作品，设计批评的方式与标准又不尽相同。在批评设计现象时，也应该通过批评具体的设计作品来进行。对具体的艺术设计作品的批评，不是就事论事，而要结合一定的思潮和现象进行。

11.4 设计批评的标准

设计批评对作品的评价有相对的标准，比如功能的适用性、形式的完美性、传统的继承性及艺术性和时代性等。设计批评既是一种客观的活动，也是一种主观的活动。说它客观，是说设计批评有一个客观的标准；说它主观，是因为有许多主观的成分在其中，难以量化。标准是一元的，但在设计批评中却有着多元的因素。这种多元的因素是说设计的标准有着民族的、历史的、地域的、时代的等诸多因素影响。如我国在 20 世纪 50—60 年代，对设计采用“实用、经济、美观”的标准，既是受经济发展要求的需要，也是意识形态的需要。

总体上说，优良设计是所有设计批评的标准，“优良设计”的标准是在 1945 年后由成熟的现代主义者提出的，具体标准是：产品的设计要适合于它的目的性，适应于所用的材料，适应于生产工艺，形式服从功能等。设计的首要问题是工作性能，其次才是美观与否，总体就是以生产技术、所用的材料及要达到的目标为标准（图 11-4-1）。

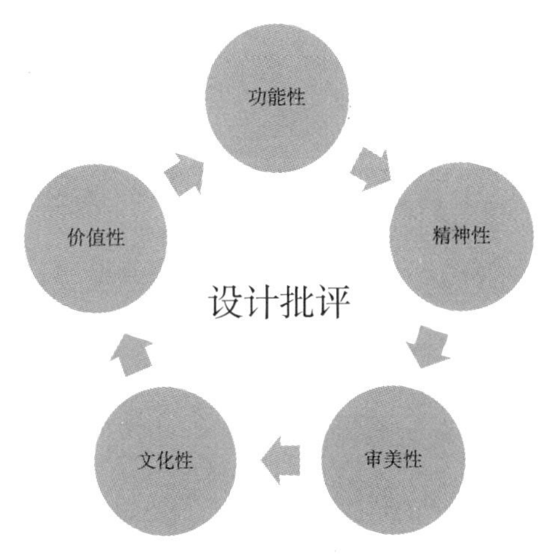

图 11-4-1 设计批评的标准关系

11.4.1 功能性标准

在设计批评中，对功能的要求有着悠久的传统，设计的功能、用途（或者称之为效用），是为了满足人与社会的客观需求。这集中反映了批评主体与客体的主从关系。“功能是人类需求的客观化”，而“效用”也是相对于人的需求而言，这里强调设计是为人们的工作和生活服务的，好的设计首先要清楚地体现出设计者所预期的功能，真切满足使用者的实际需要。所谓“适用”就是“适合使用”，而“实用”在现代汉语里是指“有实际使用价值的”，所以，必须将使用和“有效性”联系起来考虑，把功能性作为设计批评的第一标准。

11.4.2 文化性标准

21 世纪全球设计的战略是要突出设计的文化性，有文化内涵的设计才能在世界设计的舞台上占有一席之地。许多现代主义产品的过分简洁给人带来了精神与文化的单调，违背人的审美追求。日本东京艺术大学的尾登诚一教授曾说过：“20 世纪的设计是经济的设计，21 世纪的设计是文化的设计。”设计文化就是在设计中要体现出一个民族历史文化的传承与发展。设计对文化的传播和文化再创造，体现了设计的社会价值，这种价值是设计审美的、精神的价值综合体。设计产品中不仅要有现代科学技术的因子，更要有民族文化的养分。

设计批评更多是设计的理论批评，理论批评不仅在于揭示诸如色彩、材质、造型等表层的因素，而更多是对设计的一种文化性解读和评估，这有助于设计文化的消费及设计社会价值的重新认识和发掘。

11.4.3 经济性标准

价值理论认为，价值是事物满足人某种需要的属性。艺术设计作为造物活动，从设计、生产、流通、销售、市场反馈等一系列的过程都直接受到经济规律和价值规律的制约。如材料的选择和利用，生产技术和工艺的选定，产品的实用价值和审美价值等，都与经济规律有关。“经济”作为艺术设计的原则之一，要求人们用最少的消耗创造最大的价值。经济价值是艺术设计中最本质的价值，设计必须以物的形态，在人们生活消费中发挥其作用，才能从本质上实现其价值。经济价值是设计价值的直接体现，因此，设计批评的经济价值标准是衡量一个设计优劣的重要尺度。

11.4.4 审美性标准

随着人的实用需要得到满足，审美的需要也就凸显了出来，成为设计批评的最熟悉标准。

人类这种与生俱来的对美的追求成就了人类的设计艺术，设计艺术在满足人的现实生活需要的同时，将艺术的审美融入到人的日常生活中，让艺术之美彰显于生活中的每一个细节中。

现代设计的审美不是追求表面的花哨和绚丽，而应该把物质美跟人的精神美结合起来，让高层次的审美情趣引领现代设计潮流和社会的审美方向。

11.4.5 精神性标准

当设计产品作为实物被消费时，其精神层面的内涵就在消费过程中被感受、解读、接受，发挥着潜在的作用。当设计艺术在实现着经济价值的同时，在人精神层面的作用也引起社会的关注。当物质的需求得到满足时，设计就开始从表层的“经济效益”走向深层的“精神关怀”。设计界近年所出现的回归风、绿色设计等风尚，就把设计对人生活的关注转向对精神的关怀。由此可见，设计批评的经济价值和精神价值的高低是评判一个设计是否成功与优劣的综合性标准。

11.5 设计批评的方式

设计批评的方式主要有3种：博览会或交易会、群体批评和个体批评。

（1）博览会或交易会（图11-5-1）能检阅世界最新的设计成就，引发社会各界的批评，其目的是促进购买，也称为集团批评，包括审查批评与集团购买，其中审查批评是对设计作品的审查，集团以消费者代表的身份对设计方案进行审查与评估，并与设计的投资方及设计方进行商业谈判。

（2）群体批评是指消费者直接参与设计批评，这时消费者表现为不同的购买群体。

（3）个体批评是指一些职业性的批评家对设计的批评。批评对象不局限设计作品，还关注整个设计文化、设计思潮、设计风格、设计流派、设计倾向等方面。个体批评一方面指导设计制作、生产的发展，另一方面引导消费者进行消费，同时有机地推动设计发展，丰富和发展设计理论。

图 11-5-1 中国进出口商品交易会

11.6 设计批评的意义

设计批评具有广泛的社会性，有助于提高特定社会结构中民众的素质和欣赏水平；同时，也可通过对设计作品进行全面而深入的评论，促进设计的繁荣和健康发展。有效的设计批评能激发广大民众的感知热情，促使他们积极主动地去感知设计，在客观上可以逐步提高民众的艺术素质。另外，设计批评能有效地认识、领悟与理解设计作品的深刻内涵和意蕴，在客观上引导了欣赏者顺利地进行欣赏活动，并获得欣赏的愉悦和满足。尤其是学术性强的设计批评，更能有效地升华和提高欣赏者的内在情感和欣赏水平。同时，设计批评也能引导、启迪和激励设计师对自己的设计观念、设计形式及设计作品的再认识、再思考，从而激励设计师的设计创作。

11.6.1 利于设计创作

设计批评者可以通过对设计作品进行评判与分析，向设计师反馈信息，促使设计方案或计划的调整修改，从而设计出更符合大众意愿的作品。另外，设计批评可以帮助设计师总结自己创作上的经验和教训。

一般而言，设计师对设计作品有一定的评判与甄别能力，但是，要对自己的设计作品进行批评是较困难的。因此需要批评家的帮助。设计批评家不但可以在设计师的创作过程中给予及时评价和总结，而且还可以很客观地指出他们的创作误区和缺陷，这无疑会有利于设计师创作出更好的设计作品。

11.6.2 引领设计鉴赏

在设计迅猛发展的时代，设计作品层出不穷。同样的产品，设计样式可谓是五花八门、千差万别。在这么多数量的设计作品中，有的前卫，有的怪诞，有的深刻，有的肤浅，让普通民众难以正确地接受和理解。在这种情况下，掌握较多的信息、具备广博知识面的设计批评家，往往能够比较好地选择和鉴别这些设计作品，并通过感性认识和理性分析把自己对设计作品的感受和理解通过评论的形式表达出来，从而帮助大众深入地理解和感受设计，为大众更好的鉴别和评价设计作品提供了有益的帮助。

11.6.3 指导大众消费

设计批评是通过对设计产品的评判，提出更为先进的理念，带来更优秀的作品和产品，从而满足大众日益增长的物质文化需要和更好的消费环境，改善人们的生活，促进社会的发展。设计批评通过分析大众的消费行为与心理，对现有的设计产品进行形式、功能及价值等多个指标的评估与判断，指导消费者辨别设计产品，进行更正确、理性、科学的消费。

设计批评是提高大众消费审美能力的有效手段，通过对设计产品进行批评，能够提高设计人员自身和大众对设计的洞察力、分析力、判断力，从而促进市场和消费的良好发展。

11.6.4 推动设计发展

在设计发展的历程中，设计批评一直伴随其左右。设计的发展历程是由一系列的设计运动、设计革命所构成和推动的，而每一次设计的革新、改良，又是由当时具有超前思想的设计师、设计理论家及设计批评家们提出新的设计思想来推动发展的。从英国的工艺美术运动到法国的新艺术运动，从装饰艺术运动到现代主义的包豪斯学校，都经历了一次又一次的设计革新，并由此产生了许许多多先进的设计思想及理论。这些实际上就是对一个时期社会上出现的设计现象的一种批评，正是这种设计批评推动着设计的向前发展。

作为激发设计新思想产生的内部动因，设计批评推动设计不断出现新的研究领域，像生态设计、设计管理、设计心理学、设计伦理学等这些设计的新兴领域，正是设计理论家、设计批评家对已有的设计进行评判和思考的结果。

思考题

1. 设计欣赏与设计批评的关联与区别是什么?
2. 设计批评的主体有哪些? 分别如何促进设计的发展?
3. 设计批评的标准有哪些? 今后会有何扩展?
4. 设计批评的意义是什么? 如何促进设计发展?

参考文献及延伸阅读

[1] 彭泽立 . 设计概论 [M] . 长沙：中南大学出版社，2004.
[2] 李砚祖 . 论设计美学中的“三美”[M] . 黄河科技大学学报，2003 (1) .
[3] 张志伟 . 设计批评与文化 [M] . 美术观察，2005 (9) .
[4] 章利国 . 现代设计美学 [M] . 郑州：河南美术出版社，1998.
[5] 东方月 . 世界各国优良设计评选标准 [M] . 台湾：工业设计，1991 年第 20 期 .
[6] 杨先艺 . 设计概论 [M] . 北京：清华大学出版社，2010.
[7] 李建盛 . 当代设计的艺术文化学阐释 [M] . 郑州：河南美术出版社，2002.
[8] 陈立勋 . 回到设计的原点 [M] . 上海：设计新潮，1998.
[9] 彼得・多默 .1945 年以来的设计 [M] . 梁梅，译 . 成都：四川人民出版社，1998.
[10] 约翰・杜威 . 评价理论 [M] . 冯平，佘泽娜等，译 . 上海：上海译文出版社，2007.
[11] 史密斯 . 艺术教育：批评的必要性 [M] . 成都：四川人民出版社，1998.
[12] 克罗齐 . 美学原理・美学纲要 [M] . 北京：外国文学出版社，1983.

第12章 设计师

12.1 设计师的沿革

在漫长的岁月中，人们的设计行为随着时代的发展不断演变。从石器时代、青铜时代、铁器时代、蒸汽时代、电器时代直到今天的信息时代，人们不断地通过设计来改造世界。人类文明的进步，正是设计师创造性劳动的结晶：从衣不遮体到西装革履，从巢居穴处到摩天大楼，从举步维艰到日行万里……人们把文明推向一个个新的历史高度，当中要依靠科学家的发明，也包含了设计师将科学发明、艺术创意的融会贯通，创造出人类文明的座座丰碑。

顾名思义，设计师是从事设计工作的人，是通过教育与经验，拥有设计的知识与理解力，懂得设计的技能与技巧，能成功地完成设计任务，并获得相应报酬的人。现代汉语中的“设计师”是由英文的“designer”翻译而来的。设计师在不同的历史时期有不同的定义和内涵。

12.1.1 原始设计师的雏形

从 200 万 ~300 万年前第一个“制造工具的人”到现代意义上的设计师，有一个漫长的、渐进的发展历程。远古人类在进入文明社会之前是没有体力劳动与脑力劳动的区分的，当第一个打石成物、磨石成器的人出现时，设计师的雏形便产生了。生产劳动创造了人，也创造了设计，创造了原始设计师（图 12-1-1）。

我国古老的传说中有巢氏、燧人氏、神农氏、伏羲氏，为人类带来了住房、火种、医药、农耕等文明方式，他们其实也算是原始的设计师和发明家，但实际上他们并非指特定的某人，而是一个时代的代名词，他们体现着人类从低级向高级演进的文明与创造的历史。

图 12-1-1 原始设计师

12.1.2 古代的手工艺匠人

距今 7000~8000 年前的原始社会末期，随着社会的初步分工，一部分人脱离一般的物质生产劳动，出现了专门从事精神生产与物质生产相结合的手工艺生产的“工匠”，在我国的金文和甲骨文中，有形似斧头和矩尺的“工”字。在我国最早有关百工及制作技艺的著作《周礼·冬官·考工记》中可知，“百工”在古代即为中国手工匠人及手工行业的总称。

中国古代自殷商初期开始，历代都实行工官制度，周代时设有司空，后世设有将作监、少府或工部。

至于主管具体工作的专职官吏名称则各有不同，如建筑方面，《考工记》中称匠人，唐朝称大匠，从事设计绘图及施工的称都料匠。后来，人们通过进一步精细分工，有了从事工具和建筑的铁匠、木匠、瓦匠、石匠等；从事日用品设计制造的陶匠、竹匠、篾匠、铜匠、金匠、银匠、玉匠、织匠、皮匠、画匠等。中国古代工匠的职业技能通常是在家族中进行传承的，被封建统治者编为世袭户籍，子孙不得转业。如《荀子》中提到："工匠之子莫不继事。"这样，子承父业、师徒相授，形成了早期设计匠师的梯队结构。

在历来重"道"轻"器"的封建社会，即使是宫廷御用的手工匠人地位也比较低下，虽然在明朝曾出现少数工匠出身的工部首脑人物，但那毕竟是极少数。在古希腊，工匠行列中也包括画家和雕塑家，他们的地位也是比较低下的，他们被权贵阶层，甚至诗人、学者们看不起，亚里士多德称其为"卑陋的行当"。

12.1.3 中世纪以后的行会

在古罗马时期，在制陶与建筑行业中第一次出现了设计与制作的分工。到了中世纪时期，除了被宫廷、庄园或修道院雇佣服务的工匠外，其他自由手工艺人大都在市镇里开设家庭式手工作坊，并成立了"手艺行会"。行会的成员既是店主又是熟练的工匠，集设计、制作甚至销售于一身。这时期，工匠与艺术家之间没有明确的划分。直至文艺复兴时期，手工业与艺术在观念上有了区分，一些工匠逐渐成为艺术家。16 世纪以后，随着画家、雕塑家和建筑师逐渐成为设计的主要力量，艺术设计逐渐成为工艺生产中的特殊环节。

随着社会和手工技术的进一步发展，手工行业的内部分工进一步变细。如建筑设计起初是工匠共同协商，最终由一个或几个熟悉各种建造工序和善于规划的工匠完成，他们除了制订计划，还能测量、计算应力等，但不再参与实际的施工工作，成为专门的建筑设计师。古罗马的维特鲁威就是这么一位专门的建筑设计师，他的《建筑十书》是世界上最早的建筑学著作。还有达·芬奇、米开朗基罗（图 12-1-2）、拉斐尔等这样一些伟大的艺术家，他们不仅专门从事设计，还成立了设计师行会组织，为社会培养了一大批设计师。1735 年，英国的贺加斯、法国的巴舍利耶分别设立了专门的工艺设计学校，用近乎职业设计的教育方式，促进了艺术设计的发展。

图 12-1-2 文艺复兴三杰之一——米开朗基罗

12.1.4 现代设计师的诞生

现代意义上的"设计师"是在人类第二次社会大分工时产生的。18 世纪中叶的工业革命使艺术设计从生产中分离，设计师的性质和功能也相应发生了变化：一方面，设计师越来越"图纸化"；另一方面，高效率的机器生产使企业的关注重点由扩大生产转变为刺激消费，作为提供产品附加值的一个重要部分，设计师的地位被确立同时也被空前地提高了。1851 年的"水晶宫"博览会之后，英国莫里斯为自己的商行进行"艺术加技术"的工艺设计，倡导了"工艺美术运动"，被誉为"现代设计之父"。德意志制造联盟实现了设计与工业的紧密结合。1915 年，英国成立了设计与工业协会，最早实行了工业设计师登记制度，进一步推进了设计职业化。第二次世界大战以后，设计师有了大显身手的好机会。1949 年，美国设计师罗维上了《时代》周刊的封面，被誉为“走在销售曲线前面的人”。

现今，像 20 世纪 30 年代美国设计师那样一人包打天下的时代已经过去，设计师的工作成为了企业机器中的一个“齿轮”。设计师既要与工程技术人员密切配合，还要与营销部门密切结合，设计部门是整个企业链条中的一个环节，设计师个人则是设计团队中的一个成员，团队精神是现代设计师区别于手工匠师的重要表征。

设计发展到今天，设计师在更关注、发掘人们的真实需要的同时，已不再只是消费潮流与消费者趣味的消极追随者，而是消费趣味引导者、潮流开创者。设计师的角色不再仅停留在商品“促销者”的层次，而是向智慧型、文化型、管理型的高层次发展，成为了科技、消费、环境以至整个社会发展的重要推动力量。

12.2 设计师的分类

随着设计业的发展，设计师的专业分工越来越细致。按设计领域的不同，可以分为视觉传达设计师、产品设计师、环境设计师。按组织方式不同，可以分为驻厂设计师、自由设计师和业余设计师。按设计作品空间形式的不同，可分为平面设计师、三维设计师、多维设计师。按工作内容与职责的不同，可分为总设计师、主管设计师、设计师和助理设计师。

12.2.1 不同设计师的职业特点

不同专业的设计师具有很大的差别，他们在很多方面上都具有比突出的特点。

对视觉传达设计师而言，其具体的理论指导是符号学、传播学、广告学等。视觉传达设计师主要设计技能在于平面设计，其训练也偏重于平面造型，其职业是设计最佳的平面视觉符号，充分、准确、快速地传达信息。视觉设计师可细分为书籍装帧设计师、招贴设计师、包装设计师、广告设计师、标志设计师、展示设计师等。

对于工业设计师而言，其具体的理论指导是工学和艺术学，其训练则偏重于空间造型，其设计技能主要在产品的材料、结构、形态、色彩和表面装饰等方面（图 12-2-1）。产品设计师的职业和目标是设计实用、美观、经济的产品以满足人们的需要。产品设计师可分为工业设计师和手工艺设计师，前者以批量生产为前提，后者以单件制作为前提。

图 12-2-1 现代工业设计师

对于环境设计师而言，其具体的理论指导是环境艺术学、建筑学等。环境设计师的专业技能主要在空间内外结构等方面，创造美好、舒适、宜人的活动空间是其目标。环境设计师可细分为城市规划设计师、公共艺术设计师、园林设计师、室内设计师、室外设计师等。

12.2.2 艺术家和设计师的区别

设计与艺术在人类早期的活动中一直融为一体，在现代主义运动之前，工艺匠人既是工匠又是技术专家和艺术家，他们之间没有清晰的界限。文艺复兴之后，随着社会分工越来越细，各行业的专业技术性越来越强，艺术家作为学者从工匠中独立出来，获得受人尊敬的地位，但其越来越脱离社会生活。而从艺术分类中独立出来的另一类——实用艺术的“匠师”则更多地关注人民大众的生活，提倡艺术和生活相结合，成为现代的设计师。

虽然社会分工导致艺术家和设计师分属不同职业，但艺术家从事设计，设计师从事艺术的现象时有发生，处于一个复杂的、相互影响的状况。很多设计师同时也身兼艺术家的角色。著名的现代主义绘画大师、野兽派的代表人物马蒂斯在 20 世纪初制作了许多平面设计作品和商业招贴，既实现了商业目的，又传播了自己的艺术思想。

纵观设计发展史，设计与艺术经历了最初的一体化，后来逐渐形成各自不同的专业领域，到今天建立起技术和艺术之间的新融和，设计始终伴随着艺术而存在，所以我们不能孤立地强调功能主义，忽略艺术对产品的影响，同时也不能过分表现艺术而忽略功能性。正如罗维所说：“设计师应该具备工程学和艺术史的双重背景，并有汲取百家之长的能力。”

12.3 设计师的使命

设计师的设计创造不是“自我表现”，是自觉的、有目的的社会行为，是应社会的需要而产生，受社会的制约，并为社会服务的。因此，作为设计创作主体的现代设计师，应该自觉地运用设计为社会发展、为人的利益而设计。这是社会对设计师的本质要求，也是设计师思想素质的所在。设计品是设计师精神生产和物质生产相结合的一种社会产品的物质形式，设计不光是艺术技巧，不光是为了好看，设计愿望的实现必须参考道德、生态等问题，设计师应该是一个复合型人才，在知识结构、个人修养、精神境界等方面都要有较高的层次。

12.3.1 为人类创造良好的生活条件

艺术设计是运用科学技术创造人的生活和工作所需要的产品和环境，并使人与产品、环境、社会相互和谐协调，其核心是为“人”。“为人的设计”最基本的形式是以优良的设计来适应人的生理特点，满足人的生理需求，在设计中充分考虑物质结构、造型功能与人生理特点的关系，在家庭、工业、交通以及医疗等其他许多领域，施予安全、适当的设计，同时不断更新、开发新的设计品来适应新的生活需要（图 12-3-1）。这样能给人类带来健康、舒适、愉悦，大大提高生活质量、工作效率和增强安全幸福感。

图 12-3-1 方便生活的折叠凳设计

当代流行的注重人性需求的设计，又称为人性化设计，“人性化”设计的核心思想是使设计充分符合人性要求，结合人机工程学，全面尊重使用者的人格和生理、心理需要，使人的生活更加便利、舒适和体面。人性化设计包括舒适性设计、老龄设计、无障设计等，不但有助于提高产品的经济价值和社会价值，还有助于提高和完善人性和人格，有利于促进人的身心健康，减轻人体疲劳，增强安全性能，提高示警作用。设计师在设计中要注重产品满足人的不同个性和差异性的需求，满足不同使用者的多方面审美情趣。

12.3.2 为社会带来和谐的发展环境

设计师的社会职责和终极目标，是创造一个绿色与和谐的社会环境。这里的“和谐”是指人、自然、社会之间的和谐，表现为人、机、环境之间的和谐。艺术设计的目的就是协调和改善人与环境之间的关系，化解人和环境之间的矛盾，实现可持续发展。自工业革命以来，科学技术的进步为人类创造了前所未有的物质文明，使人类生存条件得到改善，但也在以空前的规模破坏着人类赖以生存的地球空间，带来了气温升高、资源枯竭、臭氧层破坏、噪声污染、垃圾污染、水污染、植被锐减等一系列环境问题，给人类的生存发展带来了严重威胁。为了应对这些威胁，“可持续发展”的命题被提出了，并已成为人类能否在地球上长久生存的关键。

图 12-3-2 用环保材料进行的设计

20 世纪末，“绿色设计”与“4R”(recovery 回收、Recycle 再循环、Reuse 再利用和 Rcduce 减量) 理念正式在世界范围内提出，并迅速在现代设计领域得到重视和实施 (图 12-3-2)。“4R”构成了现代环保设计的内涵之一，是以环境和资源保护为核心，以保障人类身体健康为目的的设计理念及行为。设计师为人类的可持续发展作出贡献是社会赋予的历史使命。

12.4 设计师的素质

设计是一门特殊的艺术，是以综合手段、以创新思维进行高级、复杂的脑力劳动。今天的设计师，是人类理想生活空间的创造者，是消费、环境、科学技术和社会文化的构建者和推动者，其目标是建造一个可以让人类全面、自由、和谐发展的空间。这必然要求设计师具备自然科学、社会科学、人文科学等完整的知识结构系统，掌握材料学、物理学、人机工程学、人类行为学、生态学和仿生学等自然学科，熟知创造美学、思维学、管理学、经济学、消费心理学、传播学、语言学、市场营销学等社会学科，并具备创新能力 (图 12-4-1)。设计师还要能将复杂枯燥的市场数据转化成活生生的设计模型，能举一反三、触类旁通地引发许多新的设计方案，自如地驾驭形态和色彩，将灵感转换为具体的、由一定的材料与技术构成的设计成品，能满足人们各种生活需要从而改变人们的生活行为与方式。

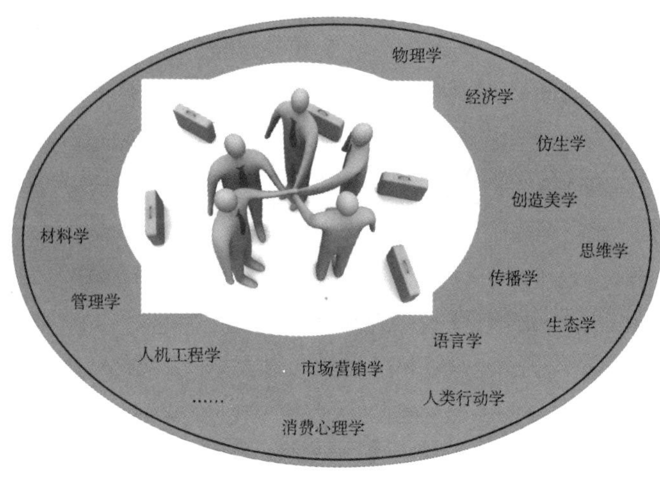

图 12-4-1 设计师应掌握的学科知识

设计师的文化修养、个体情感、社会影响、民族气质等都对设计创作起决定性的作用。

12.4.1 设计师的精神修养

设计师要有一定的理想目标、信仰追求、价值取向及精神气质，要有强烈的时代责任感。古人云“画品”即“人品”，要成为人才，须先学会“做人”。作为设计人才，要提升自己的设计品位，就必须先培养自身人格，提高自身道德水平。设计师首要考虑的不是钱，不是自我，而是社会。这点体现在设计上既要安全、美观、关怀人性，又要对生态环境负责。

凡是取得成就的设计师，他们的道德、思想、伦理、精神追求及其风度，都是与时代要求相一致的，可见设计师在设计的过程中要融入对历史与民族、传统与时代的关注，才能设计出符合时代精神的产品。

12.4.2 设计师的人文修养

对于一名设计师而言，其设计作品是在一定文化背景下形成的，设计的过程就是将人的思想、文化转化为图形、图像等视觉和物质形式的过程。设计师所具备的各种文化背景、经验和知识，都会作为一种因素渗透到作品之中。设计师必须在人类心理学、社会学等领域作深入的研究，通过隐喻、联想等多种方式向使用者传递设计理念，应对使用者不同的年龄、性别、气质、教育、职业等导致的个体心理结构差异。

设计文化的表现受到地域文化和环境的制约，由于所服务的对象不同，宗教信仰不同，审美标准差异甚远，设计师要很好地传递设计的文化内涵，必须具备一定的历史知识，深入学习和研究古今设计文化中的优秀思想，了解各民族的传统和人文常识，把握传统文化的精髓。

12.4.3 设计师的理论知识

理论知识是设计师厚积学养、扩充内涵、增强可持续发展能力的知识资源，能解决涉及观念和认识论的问题。这些知识技能包括艺术设计概论、设计方法论、价值工程学、人机工程学、设计美学、设计策划与创意、广告学、工艺美术学以及各专业门类技能等多方面的理论知识。在学习理论知识的同时，设计师还要关注当代艺术设计的现状与发展趋势，开阔视野，加深专业素养，加强对古今中外艺术设计的欣赏、分析、比较与借鉴。

12.4.4 设计师的创造能力

创造能力是新思想、新概念、新知识、新创意以及创造性思维能力和技能的总和，是科学与艺术的交融，是主观和客观的结合，是左脑加右脑的作用。艺术设计的本质是创新，只有创新才能超越，只有超越才能在竞争中获胜。在设计师的核心能力中，想象力、观察力、记忆力和思维能力都是最重要的组成部分，真正意义上的设计师都是那些不因循守旧、敢于标新立异的人。在设计创作中，“新颖”的思想常与传统的成见碰撞，只有随时准备突破传统观念，突破权威和教条，突破自己，才能抓住机遇并获得成功（图 12-4-2）。

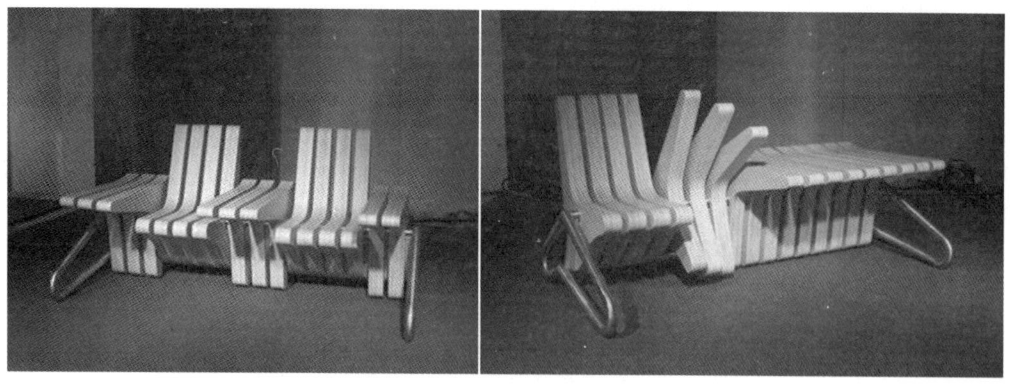

图 12-4-2 设计师的创造能力体现

与创造性能力最为密切的素质包括勇敢、勤奋、热情、自信、质疑、兴趣、情感和动机等。有人对 1901—1978 年的 325 名诺贝尔奖获得者进行分析，发现他们具有共同的素质，即选准目标，坚定不移；思路开阔，高度敏捷；异常勇敢，不顾一切；注意实践，认真探索；坚忍顽强，勤奋努力；富于幻想，大胆思考；兴趣浓厚，充满好奇。

创造力的开发工程是一项系统工程。它一方面要结合哲学、生理学、脑科学、人体科学、管理科学、思维科学、行为科学等自然学科与文学、美学、心理学等人文学科的综合知识；另一方面，又要结合每个人的具体情况，进行创造力开发的引导、培养。

12.4.5 设计师的表现能力

艺术设计人才必须要用语言文字和图形来说明自己设计作品的主题、构思、技术等方面的内容，这就涉及造型基础技能。造型基础技能以训练设计师的平面或空间形态表现能力为核心，为培养设计师的设计思维、设计意识、乃至设计表达与设计创造能力奠定了基础。造型基础包括手工造型、摄影摄像造型和计算机造型，尤其是快速成型技术，即 RPM 技术，是设计师具体实现设计构思，并将其转换为制作生产现实的必需手段。

1. 手工造型

手工造型包括设计素描、色彩、速写、构成、制图等。

米开朗基罗曾说：“素描是绘画、雕刻、建筑的最高点。”马克思说：“色彩的感觉是美感的最普遍形式。”设计素描、色彩的锤炼可提高艺术表达能力、创造性思维能力、造型表现能力和艺术素养。设计的手工造型不同传统的艺术造型，再现不是最终目的，创造才是其本质。

设计工作几乎都是从速写式的草图开始的，设计速写是设计师必不可少的技能，是最方便快捷的设计表现语言。设计速写除了具有形体与色彩的记录、分析功能外，还可为设计创作积累大量的图片资料，更成为设计师从初步构思到完整构思的必要“阶梯”（图 12-4-3）。

设计构成包括平面、色彩、立体，俗称三大构成，由包豪斯最先开创，是现代艺术设计造型、创意的基础。三大构成利用设计的规律与法则，将感性的设计形态与理性的设计思维结合起来，创造形象的组合、排列与组织规律，合理地进行视觉造型要素的提取与重组。设计中的构成不是设计师头脑里固有的，它的思维方法与表现技能都以自然及社会生活为依据。

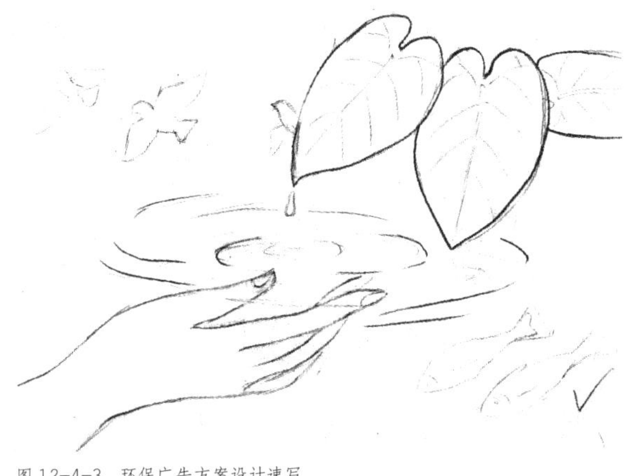
图 12-4-3 环保广告方案设计速写

设计制图包括几何图形画法、各类投影视图原理与画法、工具与仪器制图法、徒手图画法等。制图包括机械工程制图与模型效果制图，工程制图的三视图可以将设计准确无误、全面充分地表现出来，是产品生产制造的依据，又是设计师与工程师及其他技术人员的沟通语言；模型效果图是具有可供分析、展览、试验的三维立体效果图，具有直观可感的优越性。

2. 摄影造型

19 世纪 30 年代，摄影术诞生于法国，数年后由西方传入中国，并紧随着每个时代高新科技的发展而演变着，至今成为设计师必备的技能，可为设计创作提供大量图像资料。

摄影是造型艺术的一种，摄影师以照相机为基本工具，运用构图、光线、色调等造型手段，根据创作主题和构思将人物或景物拍摄下来，塑造出有艺术感染力的可视形象，以此反映社会生活与自然现象，并表达作者思想情感（图 12-4-4）。摄影的本体特征是纪实，具有瞬间的长驻性和纪实的逼真性，但摄影艺术也不是对现实的简单记录，它是对现实的高度概括，来源于生活而高于生活。摄影在体裁上分新闻摄影、风景摄影、人像摄影、动静物摄影等。

图 12-4-4 摄影造型

中国传统美学的养分使中国摄影艺术根深叶茂，中国传统哲学、美学理论对中国摄影家的审美意识、表现手法产生了重要的影响作用，呈现出鲜明的民族特色。因此摄影技术的学习不仅是学习光圈、焦距、色温、曝光、反差、感光度、白平衡之类的技术性知识，也不仅是学习构图、造型、光影、色彩等美学知识，还要学习诸如人类学、哲学、社会学、历史学、艺术史之类似乎与摄影无甚直接关系的学问，才能在摄影艺术创作中具有更深的底蕴与更高的水平。

3. 电脑造型

20世纪90年代末计算机设计软件飞速发展，给设计体系带来革命性的冲击。计算机所提供的制作技术、变换效果、画笔、色彩及材质种类等方面，都是传统手工绘图无法达到的，具有传统设计不可比拟的高精度和丰富多样的表现效果。计算机可以将设计对象的色彩、形态、肌理及质感的效果充分展现，其强大的生成、存储、处理视觉形象的媒体和技术，为设计师提供了一种全新的艺术表现形式和技法，更提供了实现创意的无限潜能。

计算机图形设计软件功能丰富多样，主要表现在3个方面：一是平面设计软件，如图像处理软件Photoshop、图形处理软件Corel Draw及Illustrator；二是以3D为代表的三维立体设计软件，如3ds Max、Maya、犀牛等；三是运用各种CAD软件进行工业辅助设计的软件，如Auto CAD。它们在不同的设计领域中被分别应用。设计师只有熟练地掌握了计算机图形设计技术，才能够从大量枯燥繁重的制作和修改工作中摆脱出来，提高设计效率。

12.4.6 设计师的实操技能

设计师必须掌握专业相关的手工、电脑和机械加工操作技能，熟悉从塑料工艺到金属加工、从印刷方法到广告摄制等一系列的加工技术、生产程序及应用特点，并且从工艺实践中获得最实际、最生动和最深入的生产知识和技术知识。如环境设计的材料选择、施工技术，通风照明等各环节实际技能和具体操作步骤，还有视觉传达设计的市场调查、包装材料、装饰造型、“POP”立体制作实践等，都是设计师必须掌握的一种实践技能。

同时，设计师还需要通过研究与实践，了解国内外设计技术与管理的发展动向，掌握设计专业各门类知识技能的最新规律和方法，熟练地配用、选用设计技能和相关器材，遵循设计、技术的实际规律，熟练地掌握设计的可行程序，并有效地通过组织与管理使产品投入市场。

12.4.7 设计师的营销能力

市场经济条件下的现代设计离不开市场需要，设计作为一种产品，必然要通过市场来反映其价值，并按照经济规律来评判其价值的高低。市场的需求不断推动产品更新换代，设计作品必须以市场为导向才能够赢得消费者。所以设计师不但要对国内的经济形势有所了解，对世界的经济局势也要留意观察。

设计作品是为消费者服务的，这就使得设计与消费如同孪生兄弟紧密相关。在新产品开发中，优秀设计师都有非常明晰的经济头脑，能针对市场有目的、有计划、有系统地深入调查，收集整理有关市场活动的各种情报资料，并对其进行思考、分析和论证，通过科学的预测能力确定设计方向。同时利用价值工程学、设计管理学、工艺技术等知识来研究，选择最合适的材料、结构和施工形式，随时调整作品的品种和结构，满足不同层次消费者需要。

目前，我国市场逐渐走入规范的轨道，依法定合同、依法设计、依法生产、依法销售是保障企业经济利益的关键，设计者必须懂一些专利法、合同法以及产品质量标准。

12.5 设计师的课程

设计师的知识范围涉及自然科学、社会科学、人文科学等多个领域，在设计师培养的课程体系上要包含这三方面的知识，以下是三大设计门类的部分课程设置情况。

视觉传达设计：视觉美学、符号学、传播学、民俗学、印刷学、包装学、视知觉心理学、创造学、思维科学、计算机科学、专业外语、消费心理学、市场营销、生态学、语言学、广告法、合同法、商标法等。

产品造型设计：人机工程学、材料学、技术美学、设计物理学、科技史、仿生学、创造学、思维科学、计算机科学、民俗学、消费心理学、市场营销、人类行为学、专业外语、生态学、价值工程学、产品语义学、管理学、设计伦理、合同法、标准化法规等。

环境艺术设计：设计物理学、人机工程学、材料学、环境心理学、园林学、科技史、民俗学、环境心理学、生态学、设计伦理、专业外语、价值工程学、人类行动学、环境保护法、规划法、工程技术、工程管理、工程预算、水电基础、创造学、思维科学、计算机科学、市场学、管理合同法、建筑法规等。

下面对一些重点课程进行简要说明。

广告设计、包装设计：它们是视觉传达设计的核心，主要训练设计师的视觉思维与视觉判断力。广告设计课程通过对广告要素、形式法则、组织规律、审美方式的技能训练，培养设计师的视觉思维和实操能力。包装设计课程分为材料、造型、结构、装潢设计 4 个方面，除创意和美感外，还培养设计师把握经济发展趋势的能力。

CI 设计：以适应现代市场竞争为目的而创立的 CI 设计体系，历经半个多世纪的发展，已经形成了较为完整的理论构架，其价值也已被诸多取得卓越成就的国际性大企业证实。随着时代的发展，CI 设计的触角已延伸到企业之外的空间，出现了城市 CI 战略、国家 CI 战略等众多新兴领域。学习 CI 设计，重点是学习 VI 设计的基本方法、步骤以及理论。

产品设计：分析产品设计的相关因素，培养综合设计思维，掌握设计程序、设计构思、造型创意与方法，掌握产品综合设计和系统化设计的方法，树立系统的设计观。对产品的产生、工作过程、功能、原理、关系等因素进行总体分析和探讨，通过典型课题的实践，提高对产品的综合设计能力。

室内设计：以研究建筑物内部环境设计为主（图 12-5-1），融科学性、工程性、艺术性于一体，类型包括办公空间、居住空间、餐饮空间、文娱空间等。本课程综合运用室内设计原理，深入研究人—空间—建筑—环境之间的关系，掌握不同类型的室内设计原则和方法，熟悉现代装饰材料、技术在室内设计中的应用方法和技巧，掌握室内设计的表达方法。

图 12-5-1 室内空间设计

景观设计：主要学习对广场、公园、商业街景、居住环境、滨水空间等各类典型景观进行规划与设计的基本原理和表现技能，并训练设计师的手绘技法与设计方法。

家具设计：是环艺设计、产品设计的重要专业技能。本课程学习家具设计的基本原理和方法，熟悉其思维方式和程序，了解家具形态、功能、材料、结构、工艺之间的联系及与环境的关系。

影视广告：是视觉传达专业的学科之一，具有手法多样、视听兼备、冲击力强，并集知识性、情节性和娱乐性于一体的特点。本课学习影视广告设计制作的整个流程：计划方案→创意→脚本→故事板→编导→摄像→剪辑→录音→拷贝→播放等环节。

动画设计：动画是一门独立的艺术，拥有特殊的美学杨淮、技术形式和思想内涵。除动画片之外，广告、影视片头、视觉特效、游戏等都包含在内。本课程全面学习动画创作的方法与技巧，加强对动画制作实践的训练。原画设计是动画制作的核心，如何让学生理解原画、掌握原画设计的原理和技巧是本课的主要任务。

以上各专业的知识与技能虽然有差异，但都有相通之处，在许多方面互相渗透。因此，现代设计师必须灵活掌握这些专业知识与设计技能，做到举一反三、触类旁通，达到兼收并蓄、融会贯通的境界。

12.6 设计师的团队

随着时代的发展，科学门类越分越细，一个人无法掌握过多门类的知识，只能依靠不同专业的人员互相协作才能更好地完成工作。于是在设计过程中，就需要许多设计师的通力合作，这就是设计团队或组织。在当今社会高速发展、瞬息万变的市场环境下，设计组织的应变能力、有效开发与利用人力资源的能力将决定设计组织的生存与发展。设计师也必须学会与团队合作，才能设计出优良的产品。

12.6.1 设计团队的组织结构

企业战略、企业文化和各项具体政策措施的有效实施，都要依附一定的组织结构。组织结构是指为了实现某个共同目标而确定的组织内部各要素及其相互关系，是一个组织在工作分配、人员协调等方面的表现形式。组织结构的类型很多，有矩阵式结构、职能型结构、直线参谋型结构等，企业通常以一种组织结构为主，同时采纳其他类型结构的优点。

图 12-6-1 设计师团队及其相互关系

团队是企业组织结构中的一种，是现代企业广泛采用的一种组织结构方式。团队的核心在于合作，它以完成特定任务为目标，可打破部门间的壁垒，有利于资源共享、信息传递、部门协调。设计团队（图 12-6-1）是团队的一种，其目标是解决某个具体设计问题，设计团队的成员一般跨越多个职业，有设计师、施工人员、软件工程师、硬件工程师、市场营销人员、公关人员、管理者等，他们所有的观点交织在一起可有效地解决设计问题。

12.6.2 设计团队的合作理念

团队的工作模式符合时代的发展要求，能有效地协调各类资源，激发各领域员工的潜能和智慧，从而有效实现工作目标。要使团队良好运作，团队精神是必不可少的。团队精神的核心是协作精神、奉献精神。只有每位成员都对团队有强烈的责任感、归属感，维护团队的共同利益，才能真正做到相互协作。另外，团队内外的组织协调能力是实现目标的有力保障，因为来自不同领域的成员会面临观点差异问题，如何协调团队中各成员之间的专业文化背景，组织一个高效的合作团队，是新产品开发的成败，也是企业获取有效竞争力的关键因素。

设计师与外界合作的能力是必备的，而要协调与外界之间的关系，关键是沟通。由于个人能力、精力所限，很少有设计专家同时又是生产专家、销售专家或市场专家。但是，可以肯定地说，不精通先进的生产工艺、不精通销售市场、不谙熟机构上下左右、里里外外相互间的关系，就很难设计出先进的产品。如果不顾一切硬着头皮设计，至多也只有表面的形式，不具有生产实施、销售的价值。设计师要积极参与企业、行业、社会的设计调查、设计竞争、合同签订、现场施工等实践活动，并在设计期间经常与实施方、客户、消费者之间进行联系与合作，深入生产制作现场，研习工艺技术，接受新经验，提高处理设计中不断出现复杂问题的能力。设计师通过与其他设计师、艺术家、建筑家、工程师、会计师、管理者等多方面的合作，个人的知识欠缺也可以得到弥补。

12.7 设计师的成长

设计水平的高低受设计师知识技能水平的制约，这决定了设计师必须不断地学习，要如海绵一样不断汲取知识营养。生产技术日新月异，设计、生产也面临着层出不穷的问题，因此，设计师终身都要有学习的精神。设计师从学生时代就要开始接触各种理论知识和生产工艺，如材料学、价值工程学、生产管理、经济核算、木工工艺、金属工艺、塑料工艺、印刷工艺等课题。设计是实践性的学科，设计师的学习要特别重视实践，读死书、讲空话对设计没有任何帮助，设计师要善于边学边用，边用边学，在学习和实践中不断提高自己的设计素养，将零散的知识汇聚成系统的知识，将实践经验提高到理论认识的高度。设计师要向销售人员学习，向生产人员学习，设计师之间也要互相学习。

设计的领域十分广泛，未来的路也会越走越宽。马斯洛的需求理论表明，人的最高需求是自我实现。我们可以这样理解，自我实现就是你设计的产品最终投产，并获得了你所期望的效益。青年设计师更需要认识自己，了解自己的优势和不足，了解我们所处的环境，设计出一条适合自己发展的道路。

思考题

1. 设计师是如何产生的？今后将有何发展？
2. 设计师的使命是什么？当前设计师的素质存在什么问题？
3. 设计师应该具备何种专业能力？
4. 设计师如何成长？你的设计生涯如何规划？

参考文献及延伸阅读

[1] 邬烈炎．设计教育研究［M］．南京：江苏美术出版社，2004.
[2] 郄建业．设计师的风格与个性［J］．包装工程，2002（6）.
[3] 彭泽立．设计概论［M］．长沙：中南大学出版社，2004.
[4] 朱孝岳．莫里斯工艺思想初探［J］．装饰，1993（2）.
[5] 左爱军，等．室内设计师从业资格培训教程［M］．北京：中国电力出版社，2008.
[6] 李欣．艺术设计类专业概论与职业寻论［M］．广州：中山大学出版社，2009.
[7] 席跃良．艺术设计概论［M］．北京：清华大学出版社，2010.
[8] 朱铭，奚传绩．设计艺术教育大事典［M］．济南：山东教育出版社，2001.
[9] 彭亮．中国当代设计教育反思［J］．装饰，2007（5）.
[10] 杨先艺．设计概论［M］．北京：清华大学出版社，2010.
[11] 阿德里安・肖纳西．怎样成为一名设计师［M］．长沙：湖南美术出版社，2007.
[12] 布鲁斯・汉纳，张妍，孟悦．如何成为产品设计大师［M］．上海：上海人民美术出版社，2007.